ARBEITSGEMEINSCHAFT FÜR FORSCHUNG
DES LANDES NORDRHEIN-WESTFALEN

Sitzung
am 8. Juni 1955
in Düsseldorf

ARBEITSGEMEINSCHAFT FÜR FORSCHUNG DES LANDES NORDRHEIN-WESTFALEN

HEFT 53

Georg Schnadel
Forschungsaufgaben zur Untersuchung der
Festigkeitsprobleme im Schiffbau

Wilhelm Sturtzel
Forschungsaufgaben zur Untersuchung der
Widerstandsprobleme im See- und Binnenschiffbau

WESTDEUTSCHER VERLAG · KÖLN UND OPLADEN

ISBN 978-3-663-00538-4   ISBN 978-3-663-02451-4 (eBook)
DOI 10.1007/978-3-663-02451-4

© 1957 Westdeutscher Verlag, Köln und Opladen
Gesamtherstellung: Westdeutscher Verlag

INHALT

Prof. Dr.-Ing. *Georg Schnadel*

    Forschungsaufgaben zur Untersuchung der Festigkeitsprobleme im Schiffbau 7

Diskussionsbeiträge

    von Staatssekretär Prof. Dr. h. c. *L. Brandt*, Prof Dr.-Ing. habil. *W. Bischof*, Prof. Dr.-Ing. *G. Schnadel*, Dipl.-Ing. *R. Spolders* 14

Prof. Dipl.-Ing. *Wilhelm Sturtzel*

    Forschungsaufgaben zur Untersuchung der Widerstandsprobleme im See- und Binnenschiffbau 21

Diskussionsbeiträge

    Staatssekretär Prof. Dr. h. c. *L. Brandt*, Prof. Dipl.-Ing. *W. Sturtzel*, Werftdirektor a. D. *Jakob Graff* 43

Forschungsaufgaben
zur Untersuchung der Festigkeitsprobleme im Schiffbau

Professor Dr.-Ing. *Georg Schnadel*, Hamburg

Die Forschungsprobleme auf dem Gebiet der Schiffsfestigkeit sind von großer Bedeutung, da sie die Sicherheit des Seeverkehrs entscheidend beeinflussen. Die Durchführung der Forschungsaufgaben, insbesondere an fahrenden Schiffen, ist mit großen Schwierigkeiten verknüpft, weil an Bord eines Schiffes für diese Zwecke ein Forschungslaboratorium eingerichtet werden muß. Es ist auch einem Laien klar, daß solche Aufgaben bei dem Platzmangel an Bord nur sehr schwer durchgeführt werden können.

Da der Schiffbau-Forschung nicht genügend Ergebnisse zur Verfügung standen, hatte die Internationale Konferenz über den Freibord der Kauffahrteischiffe im Jahre 1930 auf Grund vorliegender Erfahrungen Zahlentafeln über die Festigkeit aufgestellt, die aber in keiner Weise hinreichend sind, um den Bau von sicheren Schiffen zu gewährleisten. Die Internationale Konferenz der Klassifikationsgesellschaften in Paris im Jahre 1955 hat deswegen erwogen, den Regierungen zu empfehlen, entweder die Zahlentafeln aus dem Vertrag zu entfernen oder neue Zahlentafeln auszuarbeiten, welche auf Vorschlägen der Klassifikationsgesellschaften aufgebaut sind.

Aus Vorstehendem geht hervor, daß die Beurteilung der erforderlichen Festigkeit von Seeschiffen mit primitiven Mitteln nicht möglich ist, daß man vielmehr auf Forschung und Erfahrung angewiesen ist, wenn man brauchbare Vorschriften erlassen will.

Die Beurteilung der Beanspruchung eines Schiffes ist außerordentlich kompliziert, weil es sich bei der Konstruktion um zwei verschiedene Hauptaufgaben handelt. Einmal ist der Schiffskörper als Träger aufzufassen wie eine Brücke. Dieser Träger wird durch die verschiedene Verteilung der Belastung und durch den Wasserdruck bereits in ruhigem Wasser auf Biegung beansprucht. Hierzu kommen im Seegang Biegemomente, welche durch die Wellenbewegung verursacht werden. Die Größe dieser Biegemomente hängt nicht nur von der Höhe der Wellen ab, sondern auch von dynamischen Kräften, die dadurch verursacht werden, daß das Schiff Tauchschwingungen, Stampfschwingungen und Rollschwingungen unterworfen ist.

Zu diesen Beanspruchungen kommen nun eine zweite Art von lokalen Beanspruchungen, denen einmal die Außenhaut durch den Wasserdruck lokal unterworfen ist. Außerdem aber werden auch die Querträger, Bodenwrangen und Längsträger im Doppelboden hohen Beanspruchungen durch den Wasserdruck ausgesetzt. Neben den normalen Beanspruchungen, welchen die Decks durch die Eigenlasten und die Beschleunigungskräfte unterworfen werden, müssen insbesondere die Beanspruchungen der oberen Gurtung, des sogenannten Festigkeitsdecks, bei Druckspannungen geprüft werden.

Die große Schwierigkeit des Problems liegt darin, daß es lange Zeit nicht geglückt war, die wirkliche Höhe der Wellen im Orkan festzustellen. Nach langen theoretischen Vorarbeiten über die Grundlagen der Schiffsfestigkeit traten wir im Jahre 1932/33 an die Deutsche Forschungsgemeinschaft heran mit der Bitte, eine umfassende Forschungsfahrt zu unterstützen. Dabei hatten wir uns die Lösung folgender Aufgaben vorgenommen:
1. Bestimmung der Höhe, Länge und Geschwindigkeit der Wellen in der sturmgetriebenen See,
2. Messung der Spannungen im Schiffskörper unter dem Einfluß der statischen und dynamischen Kräfte.

Wir waren uns darüber im klaren, daß diese Aufgaben nur mit viel Glück durchgeführt werden konnten, weil die Wahrscheinlichkeit, auch auf langer Fahrt einen großen Orkan anzutreffen, nur verhältnismäßig gering ist. Stürme mit Windstärke 10 sind noch ziemlich häufig, Stürme mit Windstärke 11 kommen verhältnismäßig selten vor; einen Orkan mit Windstärke 12 aber anzutreffen, ist noch seltener möglich, da die Windgeschwindigkeit bei dieser Windstärke in der Größenordnung von 50 m/sec und mehr beträgt.

Wir waren uns klar, daß eine richtige Messung der Wellen, ihre Höhe, Länge und Geschwindigkeit eine Voraussetzung für eine allgemeine Beurteilung der Beanspruchung der Schiffe war. Wir haben daher gerade dieser Aufgabe unsere besondere Aufmerksamkeit zugewandt. Hierzu standen uns mehrere Möglichkeiten zur Verfügung. Die ersten beiden sind bereits von Graf Larisch, dem bekannten Wellenforscher, angewandt worden, der in seinem schönen Buch „Sturmsee und Brandung" eingehend darüber berichtete. Es ist möglich, bei günstiger Schiffslage die Höhe der Wellen dadurch abzuschätzen, daß man von einem hohen Punkt des Schiffes aus den

Horizont beobachtet und die Wellen in dem Augenblick beobachtet, in welchem das Schiff im Wellental schwimmt. Dieses Verfahren ist naturgemäß ziemlich unvollkommen. Graf Larisch wandte darüber hinaus zur Bestimmung der Wellenhöhe ein Barometer von hoher Empfindlichkeit (Aneroid) an. Ich glaube allerdings nicht, daß dieses letztere Verfahren sehr zweckmäßig ist. Schließlich hat Larisch auch die Bestimmung der Wellengröße und -formen auf fotogrammetrischem Wege durchgeführt. Dieses Gerät stand uns bei der Meßfahrt zur Verfügung. Mein Kollege, Prof. Weinblum, hat damit eine Reihe von außerordentlich interessanten Aufnahmen gemacht, unter denen eine mit einer Welle von 18 m Höhe und etwa 250 m Länge besonders bedeutsam ist, da dieses die größte Welle ist, die auf fotogrammetrischem Wege bisher bestimmt werden konnte.

Uns schien diese Meßart allein nicht ausreichend zu sein, und ich folgte, wenn auch zunächst mit erheblichen Bedenken, einem Vorschlag von Dipl.-Ing. Weiss, einem Hauptassistenten meines Kollegen Horn, der mir den Bau einer neuartigen Wellen-Meßanlage vorschlug. Diese Meßanlage bestand darin, daß in die Außenhaut des Schiffes 600 elektrische Kontakte hoher Empfindlichkeit eingesetzt wurden, welche beim Eintauchen in das Seewasser bei einer Spannung von etwa 8–12 Volt in der Zentrale Lampen zum Aufleuchten brachten. In der Zentrale waren die beiden Seiten des Schiffes schematisch dargestellt und jeder Kontakt durch eine kleine elektrische Lampe gekennzeichnet. Dadurch war es möglich, in der Zentrale die Lage des Schiffes in den Wellen sichtbar zu machen. Die Versuche, die Herr Dipl.-Ing. Weiss durchführte, zeigten, daß diese komplizierte Anlage auch bei den Verhältnissen an Bord brauchbar erschien. Ich gebe zu, daß ich selbst am Anfang die größten technischen Bedenken hatte, mich aber dann von Herrn Weiss überzeugen ließ und von den erstaunlich guten Ergebnissen selbst überrascht war. Man muß anerkennen, daß eine derartige Anlage einen ungeheuren Fortschritt gegenüber der fotogrammetrischen Messung hatte, weil sie Tag und Nacht verwendbar war und die genaue Lage des Schiffes in den Wellen einschließlich der Tauch- und Stampfschwingungen anzeigte.

Ich möchte noch an dieser Stelle der Direktion der Hamburg-Amerika-Linie meinen Dank dafür aussprechen, daß sie uns in jeder Beziehung unterstützte und zu dem ungewöhnlichen Erfolg dieser Meßfahrt beigetragen hat.

Leider war der Anfang nicht sehr erfolgversprechend. Unsere Instrumente arbeiteten zwar sehr befriedigend, ja zum großen Teil sogar ausgezeichnet, aber leider blieben zunächst die Stürme aus. Wir erreichten bei der Fahrt nach dem Panama-Kanal nur eine Dünung von etwa 6–7 m Höhe und im Pazifischen Ozean bei der Fahrt nach Vancouver auch keine große Windgeschwindigkeit. Das einzige Ergebnis der starken Dünung war, daß wir unseren Feinmechaniker wegen schwerster Seekrankheit in Panama aussteigen lassen mußten.

Aber schließlich kam uns das Glück noch zur Hilfe. Wir erlebten am 11., 13. und 14. Dezember 1934 zwei der größten Orkane, die im Laufe langer Zeit aufgetreten sind. Wie schon erwähnt, wurden mit dem Apparat von Larisch fotogrammetrisch Wellenhöhen bis zu 18 m gemessen. Ähnliche, aber für uns noch weit bedeutsamere Ergebnisse erreichten wir mit dem elektrischen Meßgerät von Weiss, das uns die Grundlagen für die Größe der Schiffsbeanspruchung lieferte. Dabei muß ich hier noch erwähnen, daß wir auch den Druck des Wassers, der durch die Wellenbewegung am Schiff hervorgerufen wurde, mit Meßdosen feststellten, so daß wir auch wesentliche physikalische Ergebnisse über die Kräfte innerhalb der Welle bei Störungen durch einen festen Körper feststellen konnten. Von den Ergebnissen sind einige von besonderem Interesse. Bei den Stampfbewegungen, die das Schiff durchführte, wurde im Vorschiff $2/3$ der Erdbeschleunigung erreicht, obwohl das Schiff nur 130 m lang war. Es ist dann später durch einen Arzt der Hapag festgestellt worden, daß auf dem Schiff „Hansa" bei einem schweren Orkan im Vorschiff Beschleunigungen in der Größe der Erdbeschleunigung auftraten, d. h., daß ein Mensch im Vorschiff eines solchen Schiffes gewissermaßen frei durch die Luft fällt. Schon aus diesen Zahlen können Sie ersehen, von welch großer Bedeutung Messungen an Bord für die Beanspruchung des Schiffes sind. Die Beschleunigung im Schwerpunkt des Schiffes erreichte bei unseren Messungen etwa 15% der Erdbeschleunigung. Darüber hinaus konnten wir auch sehr starke Rollschwingungen feststellen. Durch einen aber gefährlichen Zufall wurden wir von einer Quersee erfaßt, die aus drei 15 m hohen Wellen bestand und die eine Neigung des Schiffes um 24° hervorrief. Wenn man bedenkt, daß bei vielen Schiffen der Gefahrenpunkt der Neigung bei etwa 35° liegt, sieht man, daß auch die Sicherheit großer Schiffe durch einen schweren Orkan gefährdet werden kann.

Ich komme nun zu den Beanspruchungen des Schiffskörpers durch die Biegemomente. Wir stellten bei den Messungen fest, daß sie kleiner sind, als es der wirklichen Wellenhöhe entspricht. Das ist ein Phänomen, das schon als Smith-Effekt bekannt war, weil infolge der Rotation der Wellenteilchen die Kräfte am Schiffskörper kleiner sind, als sie der wirklichen

Höhe der Wellen entsprechen. Der Effekt wurde aber noch größer gefunden, als es der Theorie von Smith entspricht. Wir stellten fest, daß an den Schiffsenden die Theorie von Smith annähernd gilt, daß aber der Druck des Wassers unterhalb des Bodens kleiner ist, weil hier ein Druckausgleich stattfindet. Andererseits aber waren die Wellen wesentlich höher, als bisher angenommen worden ist. Wir stellten in ungünstigen Fällen ein Verhältnis von Wellenlänge zur Wellenhöhe mit 12:1 fest, während bei der üblichen Festigkeitsrechnung 20:1 angenommen wird. Die von mir geschilderten Einflüsse sind mindestens so groß, daß man mit einem Verhältnis 25:1 rechnen kann.

Die Ergebnisse unserer Untersuchungen und ihre Anwendung auf den Bau von kleinen und großen Schiffen zeigt, daß für kleine Schiffe die Längsbiegebeanspruchungen von geringer Bedeutung sind, und daß hier im wesentlichen die Wasserdruck-Beanspruchung für die Bestimmung der Außenhaut maßgebend ist. Die zulässige Beanspruchung der kleinen Schiffe liegt sehr niedrig, weil auch die Knickfestigkeit außerordentlich niedrig ist. Man muß daher die Biegebeanspruchung der Außenhaut und ihre Knickfestigkeit in jedem Fall untersuchen bzw. die Vorschriften darauf aufbauen. Bei großen Schiffen ist dagegen die Längsbiegebeanspruchung für die Festigkeit entscheidend. Große Schiffe sind daher nach anderen Grundsätzen zu bauen als kleine Schiffe.

Zur Festigkeit der Schiffe unter Einfluß der Decköffnungen möchte ich noch kurz Stellung nehmen. Sie haben von vielen Zusammenbrüchen der amerikanischen Liberty-Schiffe und im Kriege gebauter Handelsschiffe gehört. Ich muß zur Verteidigung der Amerikaner sagen, daß Schäden auch anderswo vorgekommen sind, sie waren nur nicht so katastrophal, weil dort mehr Zeit für die Entwicklung zur Verfügung stand. Zwei unserer berühmtesten in Deutschland gebauten Schiffe haben schwere Schäden erlitten, nämlich die „Bismarck" und die „Vaterland". An Stelle der üblichen Schächte für Maschinen- und Kesselräume waren bei diesen Schiffen vier Schächte an der Seite im Viereck angeordnet worden. Als die Schiffe schon fertiggestellt waren, wurden noch Niedergänge für Fahrgäste eingeschnitten, und zwar in der schmalen Breite zwischen Seitenschächten und Schiffsseite. Die Amerikaner hatten die Schiffe übernommen und fuhren mit den Schiffen bei jedem Wetter mit hoher Leistung. Kurz vor Southampton brach dann unter dem Einfluß der ungeheuren lokalen Spannungen das Deck durch, weil durch den Niedergang die Hauptgurtung fast vollständig weggeschnitten worden war. Es würde hier zu weit führen, die Ursachen dieses

Mangels im einzelnen zu erläutern. Ich will nur darauf hinweisen, daß der Schiffbauer in einer sehr schwierigen Lage ist, weil in die Hauptgurtungen große Öffnungen eingeschnitten werden müssen, um das Schiffsinnere zugänglich zu machen. Auch bei anderen Schiffen hat das Einschneiden von Öffnungen vielfach zu Schäden geführt, wenn nicht mit der nötigen Sachkenntnis vorgegangen wurde.

Schließlich noch einige Worte über den Schiffbaustahl. In Kenntnis der hohen Beanspruchungen, welchen die Schiffe ausgesetzt sind, haben die Klassifikationsgesellschaften immer mit großer Sorgfalt den zum Bau des Schiffskörpers verwendeten Stahl überwacht. Die Platten werden von den Vertretern der Klassifikationsgesellschaften geprüft und mit einem Stempel versehen. Nur solche Platten dürfen in Schiffe eingebaut werden. Dabei hat es sich als notwendig erwiesen, drei Dicken zu unterscheiden: Platten bis zu $12\frac{1}{2}$ mm Dicke, Platten bis zu $19\frac{1}{2}$ mm Dicke und dicke Platten. Die Ursache des verschiedenen Verhaltens hat wohl in der Größe des Korns seinen Grund. Besonders die dicken Platten müssen durch Glühen feinkörnig gemacht werden. Seitdem dieses Verfahren eingeführt wurde, sind Rückschläge nicht mehr eingetreten.

Zum Schluß soll noch die Korrosion im Schiffbau kurz behandelt werden. Die Hauptursache der Korrosion ist die Walzhaut. Sie haftet bei dem modernen Schnell-Walzverfahren so fest, daß sie nur mit großer Schwierigkeit entfernt werden kann. In Amerika sind dazu besondere Verfahren entwickelt worden: Abbeizen oder Sandstrahlen mit einer ganz besonders harten gemahlenen Hochofenschlacke. Diese schwierige Frage muß von den Werften, Stahlwerken und Reedern noch behandelt werden, wenn sie sich nicht sehr großen Schäden aussetzen wollen.

Damit wären wir auf dem Gebiete der eigentlichen Schiffskonstruktion am Ende. Ich kann aber nicht umhin, doch noch eine Sache vorzubringen, weil sie von großer Wichtigkeit ist. Das ist die Frage der Forschung auf dem Gebiete des Schiffsantriebs. Wir haben vor wenigen Tagen einen neuen Ausschuß gebildet, und zwar über Atomantrieb. Dazu möchte ich folgendes sagen: Dieser Ausschuß soll nicht eine Konkurrenz zu physikalischen Untersuchungen bilden, die schon an verschiedenen Stellen – in Süddeutschland vor allem – gemacht werden. Er soll sich vielmehr mit technischen Fragen befassen. In Deutschland ist bereits im Kriege ein Atommeiler fertiggestellt worden, der allerdings nicht mehr gearbeitet hat. Herr Professor Riezler schüttelt den Kopf, vielleicht können wir uns über diese Frage noch unterhalten.

Wenn ich die Gründung des Atom-Ausschusses an dieser Stelle vorbringe, so hängt das damit zusammen, daß wir eine Arbeitsgemeinschaft auf dem Gebiete des Schiffbaus gegründet haben, zusammen mit der Gesellschaft zur Förderung des Verkehrs und der Gesellschaft der Freunde und Förderer der Hamburger Schiffbauversuchsanstalt mit der Absicht, Forschungsfragen gemeinsam zu bearbeiten bzw. uns gegenseitig zu unterstützen. Wir können in Deutschland unter keinen Umständen beiseitestehen, nachdem der erste Atomantrieb auf amerikanischen Schiffen durchgeführt wurde. Es ist sogar nach meiner Meinung der letzte Augenblick, wenn wir nicht hoffnungslos zurückfallen wollen. Solche Aufgaben müssen auch vom Standpunkt der Schiffsmaschinentechnik mit behandelt werden. Wer den Schiffsbetrieb kennt, weiß, daß an Maschinen ganz bestimmte Anforderungen gestellt werden müssen, die wesentlich von den Anforderungen abweichen, die in anderen Fachgebieten zu stellen sind. Das ganze Gebiet des Atomantriebs wird zur Zeit nur von einer Gruppe von Physikern bearbeitet, die in Süddeutschland tätig ist. Wir sind aber entschlossen, auch im Schiffbau diese Frage zu behandeln, weil wir gegenüber dem Ausland nicht zurückbleiben und den Anschluß an die ausländische Technik nicht versäumen wollen. Ich hoffe, daß wir auch hier unsere Gemeinschaftsarbeit fortsetzen können, und daß wir die Unterstützung unserer Freunde bekommen. Unsere frühere Zusammenarbeit mit der Deutschen Versuchsanstalt für Luftfahrt kann in dieser Hinsicht richtungweisend sein, weil durch diese Zusammenarbeit ein wesentlicher Fortschritt auch auf dem Gebiete des Schiffbaus erzielt worden ist.

Diskussion

Staatssekretär Professor Dr. h. c. Leo Brandt

Wir sind Herrn Professor Schnadel sehr dankbar, daß er uns die technischen Probleme nahegebracht hat, mit denen der Schiffbau sich auseinanderzusetzen hat. Mögen auch andere Zweige der Technik den Schiffbau bei der Lösung von Fragen, die z. B. bei den Wellenmessungen große Schwierigkeiten bereiten, erfolgreich unterstützen können. Zur Frage der Verwendung von Kernenergie als Antriebskraft möchte ich mich Ihren Forderungen in jeder Hinsicht anschließen.

Professor Dr.-Ing. habil. W. Bischof

Es zeigt sich immer wieder, daß zwischen Konstrukteuren und Stahlerzeugern gewisse Meinungsverschiedenheiten über die Bedeutung der Zähigkeit, ausgedrückt durch das Ergebnis der Kerbschlagbiegeprobe, bestehen. Besonders akut wurde die Frage der Zähigkeit oder Sprödigkeit nach einigen Schadensfällen an Brücken der Reichsbahn. Man führte Anfang der dreißiger Jahre mit dem Schweißen auch eine neue Konstruktion im Brückenbau ein, wobei riesige Vollwandträger verwendet wurden, die aus Blechen von 2 bis 3 m Höhe als Stege und aus Flacheisen von 40 bis 50 mm Dicke als Flanschen zusammengeschweißt wurden. Bei einigen solcher sozusagen monolithischen Brücken zeigten sich verformungslose Risse (Sprödbrüche), was verständlicherweise in der Öffentlichkeit sehr alarmierend wirkte. Insbesondere sei erwähnt der Schadensfall an der Rüdersdorfer Autobahnbrücke bei großer Kälte im Winter 1936/37. Kleinere Fälle ereigneten sich vorher und nachher. Da die Risse an der Verschweißung von Steg und Flansch entstanden, glaubte man zunächst die Ursache in der Schweißbarkeit des verwendeten Stahles St 52 suchen zu müssen. Je nach der Höhe der Bestandteile des Stahles, insbesondere des Kohlenstoff-, Mangan- und

Chromgehaltes, ergaben sich bei der infolge der großen Stahlmasse der Flanschen nach dem Schweißen rasch erfolgenden Abkühlung in unmittelbarer Nähe der Schweißen sehr harte und spröde Zonen. Dementsprechend wurden in Lieferbedingungen der Reichsbahn die Gehalte dieser Bestandteile herabgesetzt. Nun fand man aber auch an Brücken aus dünnwandigen, allerdings ebenfalls starren Trägerkonstruktionen verformungslose Risse. Mithin konnte zwar die Schweißzone als Ausgangspunkt der Risse angesehen werden, aber die Voraussetzung ihrer Entstehung mußten die besonders gearteten Spannungsverhältnisse sein. Eine entsprechende damals neu eingeführte sogenannte Aufschweißbiegeprobe mit ungewöhnlich großen Abmessungen kam den Spannungsverhältnissen am nächsten. Sie zeigte aber auch, daß Risse an und in der Schweiße entstehen können, ohne daß sie die Probe durchschlagen. Mithin mußte auch der Stahl selbst eine spezifisch mehr oder weniger starke Widerstandsfähigkeit gegen den verformungslosen Bruch aufweisen. Hier setzte die Entwicklung des Feinkornstahles ein, der bei gleicher Zusammensetzung eine geringere Sprödbruchanfälligkeit zeigte als der bis dahin verwendete grobkörnige Stahl. Das Ergebnis aller Untersuchungen war die Feststellung, daß bei solchen Stählen, die sich im Zugversuch oder bei der normalen Kerbschlagzähigkeitsprüfung zäh verhalten, je nach der Art der Beanspruchungsverhältnisse durchaus ein verformungsloser Bruch auftreten kann. Es blieb die Frage offen, ob die einfache Kerbschlagbiegeprüfung bei gewissen Abänderungen nicht für eine befriedigende Aussage über die Sprödbruchanfälligkeit eines Stahles geeignet oder ob die teure und materialaufwendige Aufschweißbiegeprobe unbedingt notwendig ist.

Im ganzen war die Entwicklung, die vor allem dem Feinkornstahl zu verdanken war, in Deutschland recht befriedigend. Nach dem Kriege hörten wir nun von den zahlreichen Schadensfällen durch verformungslose Brüche an den ganz geschweißten Liberty-Schiffen in den Vereinigten Staaten von Amerika, wobei verschiedentlich Schiffe völlig in zwei Teile zerbrachen. Auch hier lag die Ursache vorwiegend in den besonderen Beanspruchungsverhältnissen als Folge ungeeigneter Schweißkonstruktion, während Schäden allein durch Schwingungsbeanspruchungen oder durch ausgesprochene Werkstoffehler verhältnismäßig geringer waren.

Die Amerikaner nahmen sich der Probleme unter Aufwendung großer finanzieller Mittel in zahlreichen privaten und staatlichen Forschungsinstituten und Versuchsanstalten an. Eine außerordentlich große Zahl verschiedenster Prüfverfahren für die Ermittlung der Sprödbruchempfindlichkeit des unlegierten und niedrig legierten Baustahls wurde vorgeschlagen, obwohl im Grunde keine neuen Gesichtspunkte über das in Deutschland schon Bekannte hinaus festzustellen waren. Nach dem Kriege gaben die amerikanischen Arbeiten dann wieder in Deutschland den Anstoß zur Fortsetzung der Erörterungen über den verformungslosen Bruch. Das hatte seine Ursache wohl darin, daß in Amerika und England das Problem auch von der Metallphysik her in Angriff genommen wurde. Auf diesem Gebiet war Deutschland durch den Krieg stark zurückgeblieben. Die Metallphysik gestattet es heute schon, einigermaßen klare Angaben über die Entstehung von verformungslosen Brüchen zu machen, und zwar auf der Grundlage der schon älteren Vorstellungen von *Griffith*, daß die Spannung, die zu einem Aufreißen führt, abhängig ist von der Oberflächenspannung und dem Elastizitätsmodul des Stahles sowie von der Maximalgröße statistisch verteilter primär im Werkstoff vorhandener mikroskopischer Fehlstellen. Die Frage dreht sich nun darum, ob solche Fehlstellen wirklich vorhanden sind. Man glaubt, sie mit den modernsten mikroskopischen Methoden noch nicht entdeckt zu haben. Daß sie aber auch gewissermaßen aus dem Nichts bei der Beanspruchung entstehen können, ist auf der Grundlage der Versetzungstheorie kürzlich in einer sehr interessanten Arbeit aus dem Max-Planck-Institut für Eisenforschung von *Kochendörfer* dargelegt worden.

Die für solche Berechnungen erforderlichen Kennzahlen lassen sich allerdings nicht durch den Kerbschlagbiegeversuch gewinnen. Ich halte es auch für unwahrscheinlich, daß wir überhaupt mit unseren überkommenen technologischen Prüfverfahren zu eindeutigen Kennzahlen für die Sprödbruchempfindlichkeit des Stahls kommen werden.

Dann finde ich in der schönen Darstellung, wie die Schiffbauer sich um die Festigkeitsprobleme bemüht haben, besonders bemerkenswert die Ausführungen über die weitgehende Anwendung des Dehnungsmeßstreifens zur Feststellung der Beanspruchungsverhältnisse.

Zum Schluß eine Frage: Im Kriege glaubte man Schiffe aus Beton bauen zu können. Ist diese Idee noch weiter verfolgt worden?

Professor Dr.-Ing. Georg Schnadel

Mit Betonschiffen habe ich mich seinerzeit auf Anordnung des Ministeriums Todt befassen müssen. Ich habe die Betonschiffe abgelehnt, weil man von Anfang an befürchten mußte, daß aus der Sache nicht viel würde. Die Entscheidung fiel, ohne daß die Schiffbautechniker gehört worden sind.

Es haben persönliche Unterredungen der Herren von Dyckerhoff & Widmann, insbesondere von Herrn Dr. Finsterwalder, mit dem Minister stattgefunden. Ich erhielt eines Tages den Auftrag, das Beste aus dem Ganzen zu machen, was zu machen wäre. Infolgedessen wurde eine große Anzahl von Betonschiffen gebaut. Es wurden auch größere Schiffe von 90 m Länge und 15 m Breite in Bau gegeben, und zwar nach dem Dyckerhoff & Widmann-System. Ich habe nach Prüfung der Bauunterlagen auch anderer Konstruktionen vorgeschlagen, daß andere Betonschiffe als nach dem System von Dyckerhoff & Widmann nicht mehr gebaut werden durften. Ich will keine Namen nennen, aber die Konstruktionen anderer Firmen waren sinnlos; es war eine völlige Verkennung der wirklichen Beanspruchung der Schiffe. Eine Firma hatte ein Betonschiff gebaut, das sofort auseinanderbrach. Die lokale Biegebeanspruchung ist bei diesen Schiffen ebenso entscheidend wie die Längsbeanspruchung. Herr Dr. Finsterwalder hatte die Beanspruchung der Platten und Schalen richtig erkannt und baute im Einklang mit uns die Schiffe als vollkommene Schalen. Das bedeutet, daß Wände, Boden und Deck richtig bewehrt werden müssen, und zwar eine Doppellage längs, um die Längsbiegebeanspruchung aufzunehmen, sowohl Zug als auch lokale Biegung, eine Doppellage quer, um die Querbiegebeanspruchung aufzunehmen, und zwei diagonal, um die Torsionsmomente aufzunehmen. Diese Schiffe haben verhältnismäßig große Widerstandsfähigkeit bewiesen. Natürlich war ich mir darüber im klaren, daß die Schiffe beim Auflaufen auf Grund größeren Schäden ausgesetzt werden würden. Ich habe seinerzeit dem Minister zugesichert, daß in See nichts passieren würde, wenn die Schiffe nicht auf Grund aufliefen. Kaum war die Sache heraus, wurde ich sofort von den Seeversicherern gefragt, wie groß die Prämien sein müßten. Das ist schwer zu sagen. Die lokale Festigkeit war bei diesen Schiffen schon verhältnismäßig groß, aber die Aufnahmefähigkeit bei einer Grundberührung, die bei Eisenschiffen nur eine Verbeulung gibt, war unzureichend. Die Zähigkeit, die ein Schiffskörper braucht, war nicht vorhanden. Es ist später versucht worden, weil wir keinen Stahl hatten, den Bau von Betonschiffen nochmals anzukurbeln. Ich habe dringend davon abgeraten.

Zu den Rissen bei Stahlschiffen: Die Größe des Objekts spielt eine wesentliche Rolle. Es ist eine Frage, wie klein man eine Probe machen kann, um mit Aufschweißbiegeproben zu brauchbaren Resultaten zu kommen. Ich habe mit Oberhausen gearbeitet, also in engster Zusammenarbeit mit den Stahlwerken, da solche Fragen so am besten lösbar sind. Ich habe mich geweigert, irgendwelche Proben einzuführen, ehe nicht eine klare Übereinstimmung mit den Versuchen der Stahlwerke erzielt werden konnte.

Die erste große Katastrophe der Nachkriegsbauten trat im Jahre 1947 auf. Die „World Concord", ein Supertanker von nahezu 200 m Länge, ist in der Irischen See auseinandergebrochen. Was ich zuerst vermutet hatte, daß die Kälte die Ursache war, war nicht zutreffend. Tatsächlich ist aber von den 120 Schiffen, die von Amerika während des Krieges gebaut und durchgebrochen sind, und von den 30, die nach dem Kriege von obenher zerbrochen sind, ein großer Teil durch Kälteeinwirkung zu Schaden gekommen. Schon 1939/40 beobachteten wir mehrere Anrisse auf Schiffen unter dem Einfluß der Kälte; darunter befanden sich die beiden Schiffe „Robert Ley" und „Wilhelm Gustloff". Bei diesen traten die Risse im Hafen ein, und zwar bei ganz bestimmten Temperaturen, bei einem Schiff bei 20°, beim anderen bei 25° unter Null. Die Spannungen waren in der Größenordnung von 350 bis 400 kg/cm². Diese Schiffe waren mit nackten Elektroden geschweißt. Das gab eine Versprödung der Schweißnähte bei Kälte. Ebenso brach bei einem kleineren Tanker im Hafen das Hauptdeck ein ohne jede Belastung, nur durch Versprödung des Materials bei Kälte. Allerdings war auch die Konstruktion nicht sehr zweckmäßig. Wo liegt die Ursache? Brüche können durch schlechte Konstruktion, durch Anhäufung von Spannungen und durch Fehler in der Schweißung oder ungeeigneter Elektroden eintreten. Auch der Werkstoff kann Ursache sein. In Amerika scheint die Ursache in der Qualität des Stahls gelegen zu haben. An den Stellen, an denen der Bruch begonnen hat, war der Kohlenstoffgehalt des Stahls z. T. über 0,30%, etwa in der Größenordnung von 0,35%. Nach allen Untersuchungen läßt sich ein solcher Stahl nur unter bestimmten Laboratoriums-Bedingungen noch gut schweißen, unter den Bedingungen auf einer Werft kann eine zuverlässige Schweißung nicht mehr gewährleistet werden. Es treten schon bei der Schweißung Risse auf, die nicht sichtbar zu sein brauchen.

Wir rechnen damit, daß wir auch bei Forschungsarbeiten mit den Stahlwerken zu einem Einvernehmen kommen.

Direktor Dipl.-Ing. Rudolf Spolders

Wir danken Herrn Professor Schnadel und der Schiffbautechnischen Gesellschaft für die gute Zusammenarbeit. Ich möchte kurz das unterstreichen, was Herr Dr. Bischof gesagt hat. Wir sind uns beide darüber einig, daß wir mit großer Vorsicht vorgehen wollen.

Zu der Beurteilung der heutigen Qualität ist folgendes zu sagen: In Schiffbaukreisen ist kürzlich gesagt worden, das Material sei bedeutend schlechter geworden. Diesem müssen wir von unserer Seite aus widersprechen. Die Beanspruchung an das Material ist heute in vielen Fällen schärfer geworden. Z. B. waren Doppelungen bei Blechen, wenn genietet wurde, nicht von besonderer Bedeutung. Beim Schweißen jedoch platzt jede Doppelung. Die Kontrolle des Materials wird deshalb z. B. für zerstörungsfreie Prüfmethoden bei Ultraschall verstärkt. Wir glauben auch, daß die Zukunft auf diesem Gebiet noch eine Verbesserung bringen wird. Wir haben seit langer Zeit diese Fragen zusammengetragen und uns auch mit dem Schiffbau zusammengesetzt und in Hamburg und Bremen zwei Tage lang die Schwierigkeiten durchgesprochen. Nur auf diesem Wege kommen wir weiter. Eine gedeihliche Zusammenarbeit mit den verschiedenen Behörden garantiert den Erfolg.

Forschungsaufgaben zur Untersuchung der Widerstandsprobleme im See- und Binnenschiffbau

Professor Dipl.-Ing. *Wilhelm Sturtzel*, Duisburg

Das Schiff ist vorzüglich ein Beförderungsmittel.

Wenn es, auf dem sicheren Fundament eines ausreichenden Auftriebs ruhend, allen inneren und äußeren Einwirkungen gewachsen ist, wenn durch statisch einwandfreie Bauweise eine Angleichung der Materialspannungen an die vielfältig zusammengesetzte Summe aller die Festigkeit eines Schiffes beanspruchenden Kräfte gewährleistet ist, so erfüllt es damit die Voraussetzung für seine Anerkennung als Bauwerk.

Als Beförderungsmittel soll es dieses Ziel mit einem Minimum an Materialaufwand erreichen, d. h. ganz besonders hochwertige Festigkeitseigenschaften besitzen, darüber hinaus aber auch der gleichrangigen Forderung nach besten Fahreigenschaften entsprechen.

Damit werden Probleme berührt, die die Umsetzung der Antriebskraft in Fortbewegung, die Art und Anordnung der Antriebsorgane und in sehr weitem Umfang das Verhalten des Fahrzeugs während der Fahrt betreffen. Neben der primär zu fordernden Sicherung der Schwimmfähigkeit schließt ein einwandfreies Verhalten ausreichende Stabilitätseigenschaften, gute Schlingerdämpfung und Bekämpfung von Schwingungserregern jeder Art ein. Gute Manövrierfähigkeit ist ebenso wichtig wie anhaltende Kursbeständigkeit.

Das für den Betrieb und damit für die Wirtschaftlichkeit meist ausschlaggebende Kennzeichen eines Schiffes ist aber die Geschwindigkeit, mit der das vom Schiff aufzunehmende Gut – seiner Größe nach genau festgelegt – befördert werden soll. Die Aufgabe, dem Schiff eine Geschwindigkeit zu erteilen, wie sie bei Landfahrzeugen im allgemeinen üblich ist, stößt auf große und in den meisten Fällen sehr bald unüberwindliche Schwierigkeiten. Das Schiff, dem – im Vergleich zu den Land- und Luftfahrzeugen – ein bei weitem zäheres Medium die Fortbewegung erschwert, ist in so hohem Maße gezwungen, den bei der Bewegung im Wasser auftretenden Widerstand gering zu halten, daß eine darauf abzielende Formgebung seit jeher das auffallendste Kennzeichen eines jeden Wasserfahrzeugs ist. Man sollte meinen, die Form der Schiffe wäre bei der Jahrtausende alten Geschichte dieses Fahrzeugs kein Problem mehr und es bleibe der Wissenschaft nur noch übrig, die von alters her gewonnenen Erkenntnisse zu untermauern. Eine eingehende Beschäftigung mit den Erfahrungen auf diesem Gebiet lehrt, daß die Schiffsform eine Unzahl von günstigen Variationen zuläßt, von denen aber eine jede nur unter bestimmten Voraussetzungen als vorteilhaft gelten kann. Werden diese Voraussetzungen nur um ein ganz Geringfügiges geändert, gehen die Vorteile oft genug sprunghaft verloren. Nur systematische Untersuchungen können Klarheit darüber bringen, wo die Grenzen für nutzbringende, formgestaltende Maßnahmen liegen. Auf mathematischem Wege lassen sich die durch den Widerstand entstehenden Probleme der zweckmäßigsten Formgestaltung noch nicht befriedigend lösen. Das Experiment muß dem Entwurfsingenieur und dem Konstrukteur die bei der Berechnung einzusetzenden Faktoren und Beiwerte liefern. Obwohl die Mathematik heute nicht mehr nur die durch Erfahrung gesammelten Werte nachträglich untermauert, sondern sich auf den Gebieten des Schiffswiderstands und des Verhaltens von Schiffen auch vorweg wegweisend betätigt, bleibt das Experiment doch immer noch die einzige Möglichkeit zur Feststellung absoluter Werte in der Leistungsmessung und Formgestaltung.

Das naturgroße Schiff ist wegen seiner Abmessungen, und weil seine Hergabe zu systematischen Versuchszwecken wirtschaftlich gar nicht tragbar wäre, ein ungeeignetes Objekt. Erst die moderne Modellversuchstechnik, auf den von Reech gefundenen Ähnlichkeitsgesetzen aufbauend – durch Froude um 1870 begründet –, hat es ermöglicht, Grenzbedingungen festzulegen und klare Definitionen für eine ganze Reihe von Kennzahlen und Widerstandsbeiwerten zu finden, die es dem Konstrukteur ermöglichen, seinen Entwurf mit den Forderungen, die den Widerstand beeinflussen, in Einklang zu bringen und mit deren Hilfe ein ersprießliches Zusammenarbeiten aller an der Schiffbauforschung beteiligten Stellen gewährleistet ist. Die inzwischen in den großen schiffbautreibenden Ländern erbauten Schleppversuchsanstalten – es gibt insgesamt 34 – stehen Reedern und Werften zur Verfügung, um vor Inangriffnahme eines Neubaus die Schiffsform auf ihre Eignung im Einzelfall zu prüfen, die zweckmäßigste Wahl der Propulsionsorgane zu treffen und die voraussichtlich erreichbare Geschwindigkeit bzw. die erforderliche Antriebsleistung schon im Entwurfsstadium zu bestimmen.

Eine Betätigung in dieser Richtung führte bald zu weitergesteckten Zielen, zu vergleichenden Versuchen unter verschiedenartig veränderten Bedingungen, und das Interesse der nutznießenden Schiffahrt, der privaten und besonders der staatlichen Stellen – in Gestalt der Kriegsmarinen, der Wasserstraßen- und Hafenbauverwaltungen – zeigte sich in der Bereitschaft, über die im Einzelfall erzielten Prüfungsergebnisse hinaus allgemeingültige Richtlinien aufzustellen, den Erfahrungsschatz systematisch zu erweitern und in das Gebiet des noch nicht Erprobten vorzustoßen. So wurde die Forschungsarbeit ein wichtiger Betätigungszweig dieser Anstalten und trug wesentlich dazu bei, daß ihre volkswirtschaftliche Bedeutung heute über jeden Zweifel erhaben ist.

Kann doch beispielsweise eine durch Einzelmodellversuch erzielte Verbesserung der Widerstandsverhältnisse eines Hochseeschiffs in der Größenordnung von 4000 PS ohne weiteres bis zu 10 Prozent ausmachen, d. s. 400 PS, die als Abzug von der Installationsleistung den Baupreis des Schiffes um ~ 150 000,— DM ermäßigen und bei nur 250 Betriebstagen im Jahr eine Einsparung an Brennstoffkosten von jährlich 38 000,— DM erbringen.

Bei einem Binnengüterschiff, einem sogenannten schleppenden Selbstfahrer von 2 × 450 PS, würde ein Modellversuchserfolg von nur 10 Prozent etwa 90 PS ausmachen. Der Anschaffungspreis des Schiffes würde – selbst wenn wegen der beschränkten Motortypenauswahl man nur 50 PS absetzt – um ca. 15 000,— DM niedriger liegen und bei 3 300 Betriebsstunden im Jahr wäre eine Einsparung an Brennstoffkosten von jährlich 5 250,— DM zu erzielen. Gerade bei Binnenschiffen können aber noch erheblich höhere Differenzen entstehen. So ist es durchaus möglich, daß ein mit 2000 PS geplantes Fahrzeug, dessen Geschwindigkeit nahe der Stauwellengeschwindigkeit liegt, auf Grund des Schleppversuchs in seiner Maximalgeschwindigkeit um vielleicht nur 1 km von 28 auf 27 km/h herabgesetzt wird, wobei ein Drittel der Antriebsleistung eingespart wird. In solch einem Falle stehen die für den Modellversuch aufgewandten Kosten in gar keinem Verhältnis mehr zu der hohen Summe der möglichen Einsparungen. Die jährlichen Brennstoffkosten würden um 64 000,— DM sinken und die Einsparung beim Anschaffungspreis würde 180 000,— DM betragen.

In vielen Fällen wird auch eine Erhöhung der Völligkeit – verbunden mit einer Erhöhung der Tragfähigkeit – der wirtschaftlich vorteilhaftere Weg sein und es wird darauf ankommen, die nach den Schleppversuchen zulässige Deplacementserhöhung widerstandsgünstig zu verteilen.

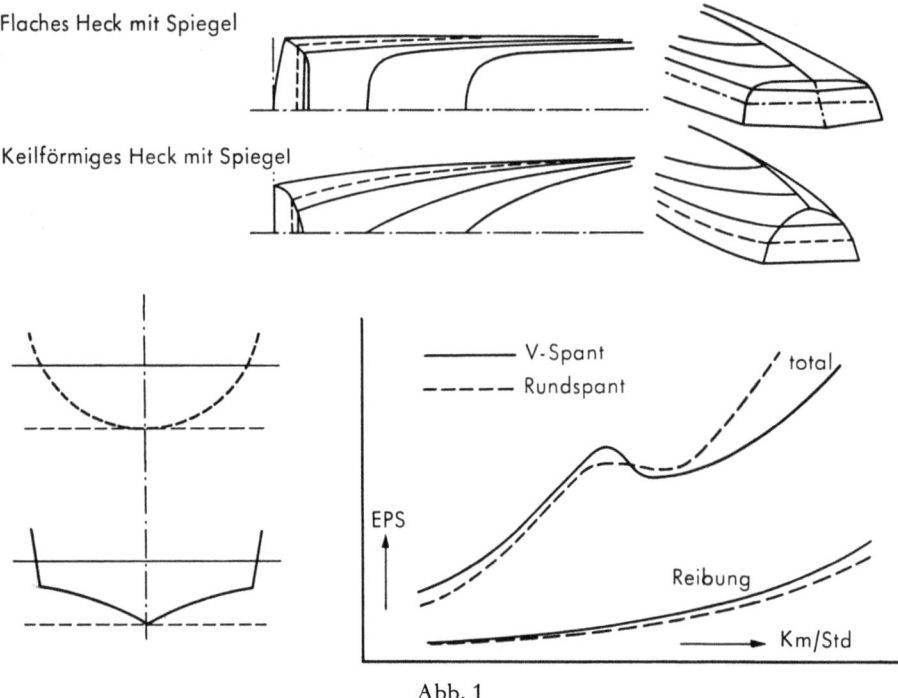

Abb. 1

Wie sehr die Linienführung an einem Spiegelheck den Widerstand je nach dem Grad der Geschwindigkeit verschieden beeinflußt, läßt sich besonders im Bereich der Stauwellengeschwindigkeit feststellen.

Bis in die zwanziger Jahre hinein waren Untersuchungen vorherrschend, die sich mit der Schärfe des Vor- und Hinterschiffs befaßten, mit der Schwerpunktlage der Verdrängung, mit der Sonderbehandlung des wellen- und wirbelbildenden, des Form- und des Reibungswiderstands, mit der Erfassung ihrer anteiligen Größe und mit der Aufstellung einer durch die Versuchsergebnisse belegten Theorie zur Erklärung der Bewegungszustände am Schiff. Systematische Versuchsreihen hatten bereits vor 1920 zu sehr beachtlichen Ergebnissen in der Erforschung des Gesamtwiderstands und der beim Antrieb durch Schraubenpropeller zu erwartenden Gütegrade geführt. Der Flachwassereinfluß ist unter Bedingungen, wie sie bei Fahrt auf Kanälen vorliegen, untersucht worden und auch die Formgebung für wirtschaftliche Binnenschiffe war damals schon Thema einer Forschungsaufgabe. Erst vor etwa 30 Jahren befaßte man sich mit der Messung der Druck- und

Geschwindigkeitsverteilung in der Umgebung des arbeitenden Propellers, mit der Erforschung der Nachstrom – (auch Vorstrom und Mitstrom genannt) und der Sogverhältnisse. Wirkungsgradverbesserungen durch zwangsweise Veränderungen des Strömungsverlaufs, etwa durch Contra-Propeller und ähnliche Maßnahmen, wurden vorgeschlagen. Es folgten größere Forschungsaufgaben auf dem Gebiet des Binnenschiffbaus, so die Reihenuntersuchungen zur Auffindung der für die deutschen Kanal- und Stromstrecken geeignetsten Kahnformen in Ergänzung der 10 Jahre früher stattgefundenen Versuche oder Ermittlungen über den Einfluß der Verteilung des Schubes auf eine Vielzahl von Propulsionsorganen. Auch die speziellen Forschungsarbeiten über die Zunahme des Widerstandes auf seitlich beschränktem Fahrwasser fallen in diese Zeit. Nicht weiter als 25 Jahre liegen die Versuche zurück, die der Frage der Beeinflussung des Strömungsverlaufs und der Lage der Staupunkte am Vorschiff schnellfahrender, tiefgehender Schiffe galten. Sie führten zu neuen Erkenntnissen über die Grenzen der vorteilhaften Anwendbarkeit des Wulstbugs – wie er bei „Bremen" und „Europa" verwirklicht wurde – der hohlen Vorschiffswasserlinien und vor allem der sogenannten Maierform, die sich als Methode der Spantformgestaltung mit dem Ziel eines kürzesten Wegs der das Schiff umfließenden Stromfäden nicht nur auf das Vorschiff beschränkte. Gleichzeitig begann die Kortdüse zur Durchführung mancher Forschungsarbeit anzuregen in Verbindung mit der Untersuchung der für ummantelte Schraubenpropeller günstigsten Daten; besonders da, wo die Propeller unter hoher Schubbelastung arbeiten, also bei schleppenden Fahrzeugen, ergeben sich sehr bemerkenswerte Leistungsersparnisse, die allerdings bei Freifahrt, also bei höheren Geschwindigkeiten, wieder verlorengehen.

Wenn wir die Bewertung einer Forschungsarbeit nach dem Nutzen vornehmen, den der Konstrukteur als Gestalter des Bauwerks aus den Ergebnissen zu ziehen vermag, so müssen als die bisher größten Arbeiten angewandter Forschung auf dem Gebiet des Schiffswiderstands genannt werden:

1. Die Versuche Taylors mit systematisch abgewandelten Modellformen zur Ermittlung des Schiffswiderstands. Das Ergebnis seiner 1910 veröffentlichten Arbeit war die Auffindung einer Methode zur Bestimmung des Formwiderstands je Tonne Verdrängung bei gegebenem B/T-Verhältnis, bei gegebenem Schlankheitsgrad – $D/(L/100)^3$, bei gegebenem Schärfegrad – $\varphi = \frac{\delta}{\beta}$ und bei gegebener Froudescher Zahl – $\frac{V}{\sqrt{L}}$

2. Die Versuche von Gebers, etwa 1918 veröffentlicht, über die Größe des Reibungsbeiwerts, durchgeführt an geschleppten Platten zur Ermittlung des Reibungsbeiwerts und des Geschwindigkeitsexponenten in Abhängigkeit von der Schiffslänge und ihrem Rauhigkeitsgrad.
3. Die Untersuchungen Schlichtings, 1933 vorgetragen, über den Widerstand von *See*schiffen auf flachem Wasser.
4. Die systematischen Propelleruntersuchungen von Schaffran, etwa 1920 durchgeführt, zur Klärung der Abhängigkeit des Propellerwirkungsgrads von den Konstruktionsdaten sowie von Belastung und Anströmgeschwindigkeit.
5. Die umfangreichen Auswertungen exakter Modellversuchsserien durch Ayre zur Entwicklung einer neuartigen Methode der Leistungsbestimmung, wobei neben den Daten, die Taylor benutzt hat, auch noch die Schwerpunktlage mit herangezogen wurde. Seine Methode ist gewissermaßen eine Ehrenrettung der althergebrachten englischen „Admiralitätsformel", die er – weil sie international beliebt war und erheblich weitgehender angewandt wurde, als es ihrem Ruf guttat – in ihrem grundsätzlichen Aufbau beibehielt, sie nur geringfügig abwandelte und durch Korrekturen den Formverhältnissen des Schiffskörpers anpaßte.
6. Untersuchungen von Kempf über Rauhigkeit und Reibung, erstmalig durchgeführt am naturgroßen Schiff. Sie führten u. a. zu der Erkenntnis der Notwendigkeit eines Reibungszuschlags bei Anwendung der Berechnungsmethode von Froude.

Die Bedeutung dieser vorstehend angeführten sechs Arbeiten liegt also – wie schon hervorgehoben – in ihrer unmittelbaren Eignung zur Anwendung bei Widerstandsrechnungen. Die aus diesen Forschungsarbeiten entwickelten Berechnungsmethoden leisteten und leisten heute noch infolge der damit gegebenen Möglichkeiten zur Verminderung der Antriebsleistung bzw. zur Erhöhung der Geschwindigkeit in ihrem Endergebnis der Wirtschaft unschätzbare Dienste. Aber immer steht noch eine Unzahl von Fragen offen:

Sehen wir uns die Titel der im Augenblick an deutschen Versuchsanstalten und Instituten in Arbeit befindlichen Forschungsaufgaben an, soweit sie die Probleme des Schiffswiderstands betreffen, so finden wir, daß den Fragen des Reibungswiderstands heute ganz besonderes Interesse entgegengebracht wird. Untersuchungen über den Einfluß der Rauhigkeit auf den Umschlag laminarer in turbulente Strömung sind ebenso geeignet, für die aus der Oberflächenbeschaffenheit resultierenden Störungen einen widerstandbewertenden Faktor zu finden als auch die Erkenntnisse über die Verschiedenheit der Größe des Reibungsanteils bei Schiff und Modell zu vertiefen. In ähnlicher Richtung bewegen sich Aufgaben, den Rauhigkeitszuschlag zu bestimmen, der bei der Auswertung von Schleppversuchen mit sehr glatten Modellen angebracht ist. Der Übergang vom genieteten zum vollgeschweißten Schiff, dessen Außenhaut keine Überlappungen und Nietköpfe mehr aufweist, wird vielleicht dazu beitragen, den Rauhigkeitszuschlag bzw. die Reibungsziffern von Schiff und Modell mit höherer als bisher geübter Genauigkeit in einer bei der Auswertung gültigen Proportion darzustellen. Werden die Quellen für die Beeinflussung des Reibungswiderstands bei diesen und allen bisherigen Forschungsaufgaben in der Beschaffenheit der Schiffsoberfläche und in den Merkmalen ihrer Ausdehnung gesucht, so befaßt sich eine andere Aufgabe gegenwärtig mit der Klärung des Flachwassereinflusses auf den Reibungswiderstand, weil zu erwarten steht, daß neben der Beschaffenheit der Schiffsaußenhaut auch außerhalb des Schiffs liegende Störungsquellen auftreten können – wie Ufer- und Bodennähe sowie die Beschaffenheit des Fluß- und Kanalbettes und die daher im Fahrbettquerschnitt keineswegs konstante Strömungsgeschwindigkeit – wodurch die einzelnen Partien der Außenhaut verschieden hoch beaufschlagt werden. Da über die scheinbaren Massen nur etwas ausgesagt werden kann, wenn über die innere Struktur und das Verhalten der Grenzschicht neben den Daten ihrer Ausdehnung Erfahrungen vorliegen, ist man einerseits bemüht, Grenzschichtmessungen auszuführen, und zwar möglichst mit Rotationskörpern wegen der einfacheren Vergleichbarkeit mit Berechnungsergebnissen; andererseits wird der Versuch unternommen, durch Absaugen der Grenzschicht eine wirksame Widerstandsverminderung nachzuweisen.

Damit wird schon eine Frage berührt, die in letzter Zeit zunehmend an Bedeutung gewinnt – nämlich die des Formeinflusses von Körpern auf den Reibungs- und Ablösewiderstand. Scharfe Kanten, Knicke, stark ausgebildete Schultern oder Stellen starker Krümmungen in der Linienführung eines Schiffes werden geeignet sein, den auf Reibungsvorgänge zurückzuführenden Widerstandsanteil zu verstärken oder ihn in besonders gelagerten Fällen auch zu vermindern.

Stärker als bisher werden gegenwärtig die Probleme des Flachwasserwiderstandes behandelt. Neben den bereits erwähnten Untersuchungen der Beeinflussung des Reibungsanteils stehen solche zur Untersuchung des Einflusses der Breitenbeschränkung auf flachem Fahrwasser und ganz allgemein auf Erfassung der hydrodynamischen Vorgänge bei Fahrt von Schiffen auf beschränktem Fahrwasser abzielende Forschungsaufgaben. Die Themenstellung besonders dieses letzten Vorhabens zeigt, daß das große Gebiet der Widerstandsprobleme auf beschränktem Fahrwasser – noch in sehr weiten Grenzen unerschlossen – der Forschung eine reiche Auswahl an Aufgaben zu bieten vermag.

Eine Einschränkung wurde bei allen Modellversuchen gemacht, mit deren Hilfe weitgesteckte Ziele von grundlegender Bedeutung angestrebt wurden: Sie fanden in ruhigem, stehendem Wasser statt. Weder das Hochseeschiff noch das Binnenschiff findet in der Natur die dem Modellversuch zugrunde gelegten Bedingungen unveränderlich vor. Das Verhalten der Schiffe im Seegang und dessen Auswirkungen auf die den Schiffswiderstand beeinflussenden Faktoren eröffnen denjenigen Anstalten, die eine Wellenerzeugeranlage besitzen, noch ein weites Betätigungsfeld in der Erforschung grundlegender wie auch bei der Anwendung auftretender Probleme.

Der Plan für den Neuaufbau der Hamburgischen Schiffbauversuchsanstalt sieht eine Wellenerzeugungsanlage vor, die nicht nur Wellen in der Längsrichtung der Schleppsinne, sondern vor allem auch Schrägwellen in beliebiger Richtung erzeugen kann. Voraussetzung für einwandfreie Meßergebnisse ist dabei allerdings eine sehr große Rinnenbreite, die in Hamburg ca. 20 m betragen wird. Auch die Wageninger Versuchsanstalt baut zur Zeit eine neue Rinne für eine Schrägwellenerzeugungsanlage.

Wie die Erforschung der Meereswellen und die Berücksichtigung ihres Auswirkens auf den Widerstand der Hochseeschiffe gegenwärtig als eine der vordringlichsten Aufgaben angesehen wird, so unumgänglich notwendig ist im Binnenschiffbauversuchswesen die Einbeziehung der Strömungsvorgänge in fließenden Gewässern und die Berücksichtigung ihrer Einflüsse bei allen Vorgängen – wie z. B. als Tauchung, Trimm, Gefälle, Reibung und Ablösung – die in kleineren oder größeren Beträgen im Schiffswiderstand zusammenwirken. Letzten Endes ist es die Schiffsform und die Lage der Propulsionsorgane und Anhänge, die eine so hohe Anpassungsfähigkeit besitzen, daß für sie bei Verwertung der aus der Forschung gewonnenen Erkenntnisse unter jeweils ganz bestimmten Voraussetzungen ein Optimum erwartet wird.

Unter allen 34 Schleppversuchsanstalten der Welt ist die Duisburger als einzige in der Lage, im vollen Querschnitt des Haupt- und Nebenbeckens strömendes Wasser zu erzeugen und damit diese oft ausschlaggebende Bedingung zusätzlich in jedes beliebige Versuchsprogramm mit aufzunehmen. Forschungsaufgaben, die von der hier gebotenen Möglichkeit Gebrauch machen, befassen sich – augenblicklich in allgemeiner Ausrichtung – mit der Ermittlung des Flachwassereinflusses in ruhenden und vergleichsweise strömenden Gewässern auf den Form- und Reibungswiderstand von Binnenschiffen bzw. mit der Ermittlung der Nachstrom- und Sogverhältnisse bei Binnenschiffen unter Berücksichtigung des Flachwassereinflusses in stehenden und strömenden Gewässern und in spezieller Ausrichtung mit der Wirtschaftlichkeit von Motorgüterschiffen in tiefem und flachem strömendem Wasser als Einzelfahrer und schleppende Selbstfahrer.

Die Möglichkeit, Wellengang bei Hochseeschiffen und Flußströmung bei Binnenschiffen als zusätzliche Versuchsbedingung bei allen Forschungsaufgaben einzuschalten, wird sehr bald das Kriterium für die Beurteilung des Entwicklungsstands einer Versuchsanstalt sein. Eine Wellenerzeugungsanlage läßt sich in jeden Schleppkanal einbauen. Eine solche für Schrägwellen hat nur Sinn, wenn wie gesagt – die Breite der Tanks außergewöhnlich groß ist, was nur für ganz wenige Anstalten zutrifft, so daß aufs Ganze gesehen eine moderne Wellenerzeugungsanlage den Bau eines besonders breiten, langen Schleppkanals erforderlich macht. Eine Strömungsanlage läßt sich in den üblichen Schleppkanälen nicht einbauen. Ihre Wirksamkeit ist immer an eigens zu diesem Zweck zu errichtende Kanäle gebunden. Nur in Miniaturausführung waren Strömungskanäle in einigen Schleppversuchsanstalten neben den tiefen Hauptschleppprinnen eingerichtet worden. Solange keine hohen Anforderungen an die Versuche in solchen Rinnen gestellt wurden, fiel ihre unzureichende Eignung für die Lösung größerer Aufgaben nicht auf.

Seitdem in Nordrhein-Westfalen erstmalig eine Anstalt erbaut wurde, bei der die Möglichkeit der Strömungserzeugung in der Planung an erster Stelle stand, wachsen auch die Anforderungen, und es besteht Grund zu der Annahme, daß die für die Wirtschaft interessantesten Einzeluntersuchungen und Forschungsaufgaben im Binnenschiffbau in absehbarer Zeit ohne die speziellen Versuchseinrichtungen, wie sie in Duisburg bestehen, nicht mehr durchzuführen sein werden.

Nachdem diese Anstalt am morgigen Tage genau 1 Jahr lang gearbeitet hat, ist es wohl nicht verfrüht, zu einer ersten Urteilsbildung über ihre Notwendigkeit und Eignung mit Bekanntgabe einiger Daten anzuregen:
Die Zahl der im ersten Vierteljahr des Bestehens
   durchgeführten Versuchsreihen betrug . . . . 34.
Am Ende des ersten Halbjahres war sie auf 96
und ist bis heute auf . . . . 316 angestiegen.

Die untersuchten Fahrzeuge sind Kähne und Schuten, Einzelfahrer und schleppende Selbstfahrer, Schlepper, Frachtschiffe, Fähren, Bereisungsboote, Zollboote und mathematisch entwickelte Schiffsformen.

Die Auftraggeber stammen aus allen Rheinanliegerstaaten, aus Deutschland, Holland, Frankreich und der Schweiz, wobei für die deutschen Auftraggeber 74% aller Versuche durchgeführt sind. Neben 51% Industrieaufträgen entfielen 49% aller Versuchsreihen auf Forschungsaufträge. Die Industrieaufträge stammen zu 57% aus den Kreisen der Reeder, zu 43% stammen sie von Werften. Wie speziell diese Anstalt in ihrer Anlage auf die Belange des Binnenschiffbaus zugeschnitten ist, mag aus einer kurzen Beschreibung hervorgehen, die sich nur auf das zu dieser Beurteilung Wesentliche beschränkt:

Als Standort ist das Zentrum der deutschen Binnenschiffahrt, Duisburg, Europas größter Binnenhafen, gewählt worden, an dem über 60% aller deutschen Rheinschiffe beheimatet sind.

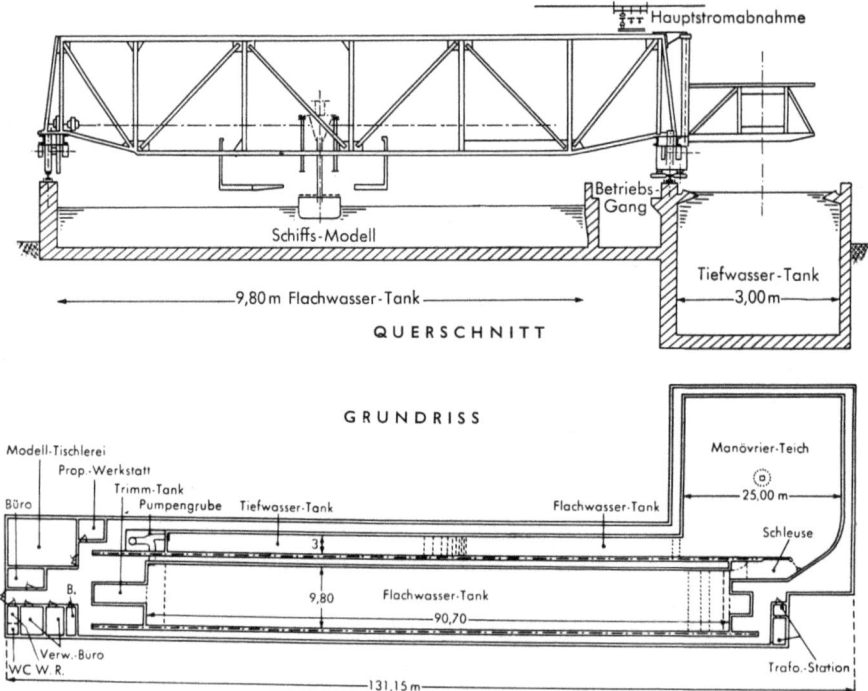

Abb. 2

Die Anstalt enthält als Hauptversuchsbecken einen 10 m breiten und 100 m langen Tank, dessen Wasserstand zur Vornahme von Flachwasserversuchen zwischen 50 und 1100 mm regulierbar ist. Parallel dazu ist ein 3 m breiter Tank von 82 m Länge angeordnet, dessen eine Hälfte als Tiefwasserbecken einen Wasserstand von 2,75 m gestattet, während die andere Hälfte im gleichen Bereich regulierbar ist wie das breite Flachwasserbecken. Beide Schlepptanks münden in einen quadratischen Manövrierteich von 25 m Seitenlänge, der ebenfalls als Flachwassertank gebaut und in der Wassertiefe entsprechend regulierbar ist.

Abb. 3

Eine starke Umwälzpumpe gestattet in Verbindung mit einer sehr genau arbeitenden Wehranlage, je nach Belieben den Wasserstand in den Becken innerhalb weniger Minuten auf jedes beliebige Maß genau einzustellen bzw. in jedem der beiden langen Becken eine Strömung zu erzeugen, die den stark veränderlichen Verhältnissen weitgehend entspricht, wie sie die Schiffahrt auf deutschen Strömen antrifft.

Zum Schleppen der Modelle dient ein großer 25 t schwerer Wagen mit 11,4 m Spurweite, der in der Lage ist, eine verlangte Geschwindigkeit von

0,02 bis 5,5 m/sec auf der Meßstrecke konstant mit Promille-Genauigkeit einzuhalten. Die Forderung nach einer so hohen Genauigkeit wie sie kein anderer Schleppwagen aufweist, ist nicht nur gerechtfertigt, sondern dringend erwünscht, weil bei Flachwasserversuchen der Widerstandsanstieg im Bereich der Stauwellengeschwindigkeit mitunter fast senkrecht erfolgt und das Maximum häufig durch eine scharfe Spitze in der Widerstandskurve gekennzeichnet ist. Nur mit vollelektronischer Steuerung ließ sich die geforderte Genauigkeit erzielen. Sie bewährt sich im laufenden Betrieb so ausgezeichnet, daß ihre Vorteile in zeit- und arbeitsparender Hinsicht viel größer sind als vorauszusehen war.

Abb. 4. Leitbleche

Ein unkompliziertes System von Leitblechen und Gleichrichtern sorgt im Verein mit einer besonderen Ausbildung des Tankbodens für eine höchsten Ansprüchen genügende Gleichmäßigkeit und Symmetrie der Strömungsverteilung im Quer- und Längsschnitt des Beckenprofils der Höhe und Breite nach sowie für ein Gefälle, das den natürlichen Verhältnissen mit großer Genauigkeit entspricht. Kontinuierliche Strömungsmessungen

Forschungsaufgaben zur Untersuchung der Widerstandsprobleme 33

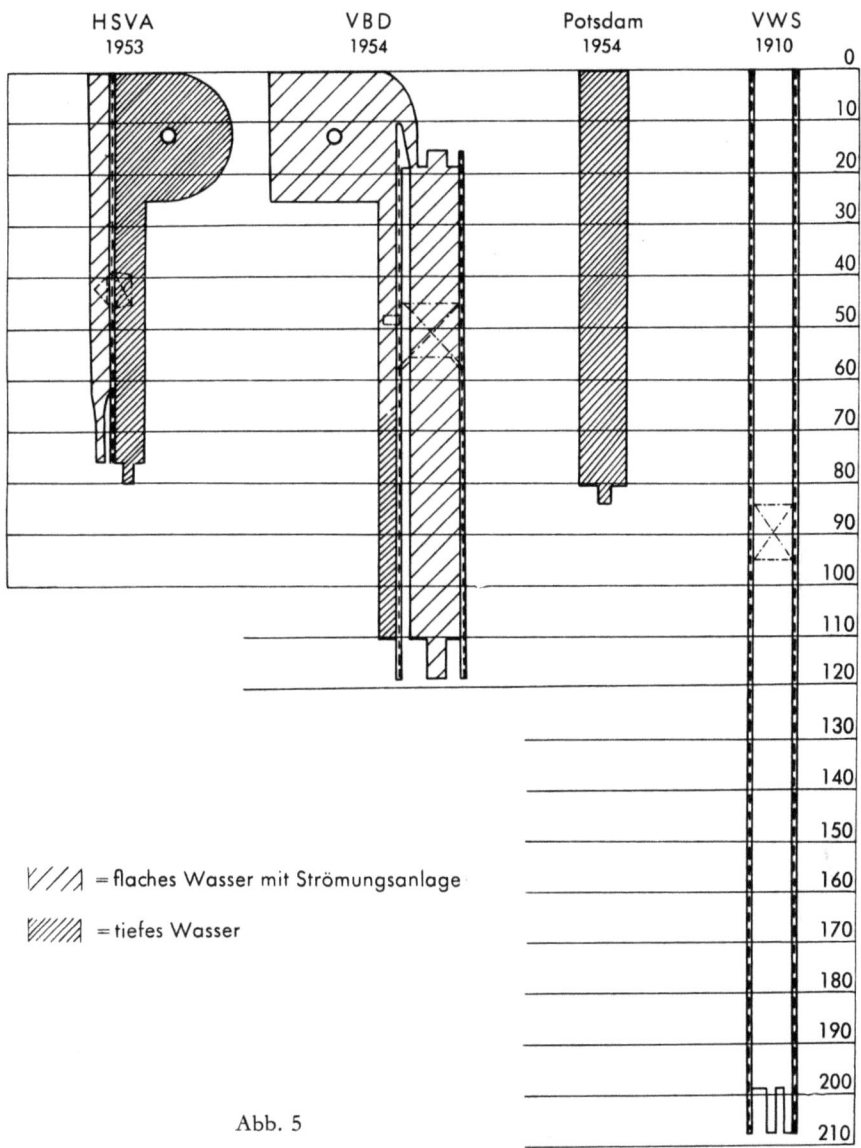

Abb. 5

kontrollieren während der Meßfahrten die Eichresultate der Anlage. Da der Grundriß des breiten Flachwassertanks der Spiegelfläche der beiden anderen Becken gleicht, können Veränderungen des Wasserstandes mit dem in der

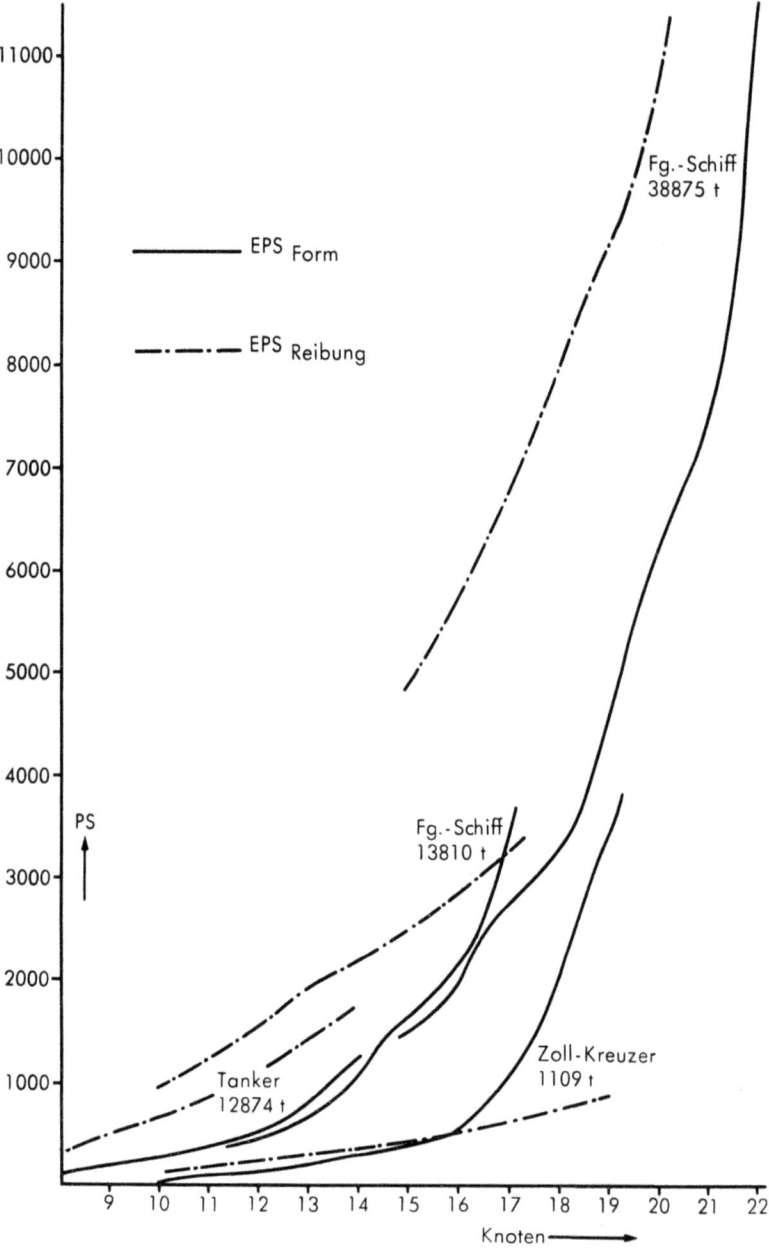

Abb. 6

Gesamtanlage vorhandenen Wasservolumen verlustlos vorgenommen werden.

Die Lage der Pumpe und die Größe der im Wehrbereich angeordneten Brunnen ergibt eine nur geringe manometrische Förderhöhe, so daß der Stromverbrauch der Umwälzanlage verhältnismäßig niedrig ist. Da ein – wenn auch nur schmaler – Tiefwassertank vorgesehen ist, können Vergleichsversuche auf unbeschränkter Wassertiefe bei Wahl eines entsprechenden Modellmaßstabs vorgenommen werden, wie überhaupt die Möglichkeit besteht, bis zu einem gewissen Grade auch auf tiefem Wasser Widerstandsversuche durchzuführen.

Abb. 5 zeigt die Beckengrundrisse der vier zur Zeit in Deutschland bestehenden Schleppversuchsanstalten.

Die Schleppeinrichtung besteht

in *Potsdam*   bei der für die Sowjetzone neu errichteten Anstalt aus einer Seilwinde

in *Berlin*   (– VWS –) aus einem Schleppwagen mit Leonard-Steuerung, die wahlweise von Hand oder elektronisch geregelt werden kann,

in *Hamburg*   (– HSVA –) aus einem Schleppwagen mit Leonard-Steuerung, die – wie in Berlin – wahlweise von Hand oder elektronisch geregelt werden kann,

in *Duisburg*   (– VBD –) aus einem Schleppwagen mit vollelektronischer Steuerung, dessen Meßbühne und Bedienungsplattformen vertikal verstellbar eingerichtet sind.

Abb. 6 zeigt eine graphisch dargestellte Auswertung von Tiefwasserversuchen zur Feststellung des Schiffswiderstandes von vier verschiedenen Seeschiffen, und zwar getrennt nach Form- und Reibungswiderstand, aufgetragen über der Geschwindigkeit in Knoten.

Abb. 7 zeigt eine graphisch dargestellte Auswertung von Tiefwasserversuchen zur Feststellung der Widerstandsbeiwerte für Form und Reibung, aufgetragen über der Froudeschen Zahl und geordnet nach Völligkeits- und Schlankheitsgraden.

Abb. 8 zeigt eine Auswertung von Flachwasserversuchen, und zwar die effektiven Leistungen über der Geschwindigkeit und die Widerstandsbeiwerte über der Froudeschen Zahl, aufgetragen bei 9 bzw. 12 m Wassertiefe für ein schnelles Fahrzeug.

Es ist daraus besonders ersichtlich, wie die Maxima entsprechend der Stauwellengeschwindigkeit bei 9 m tiefer liegen als bei 12 m.

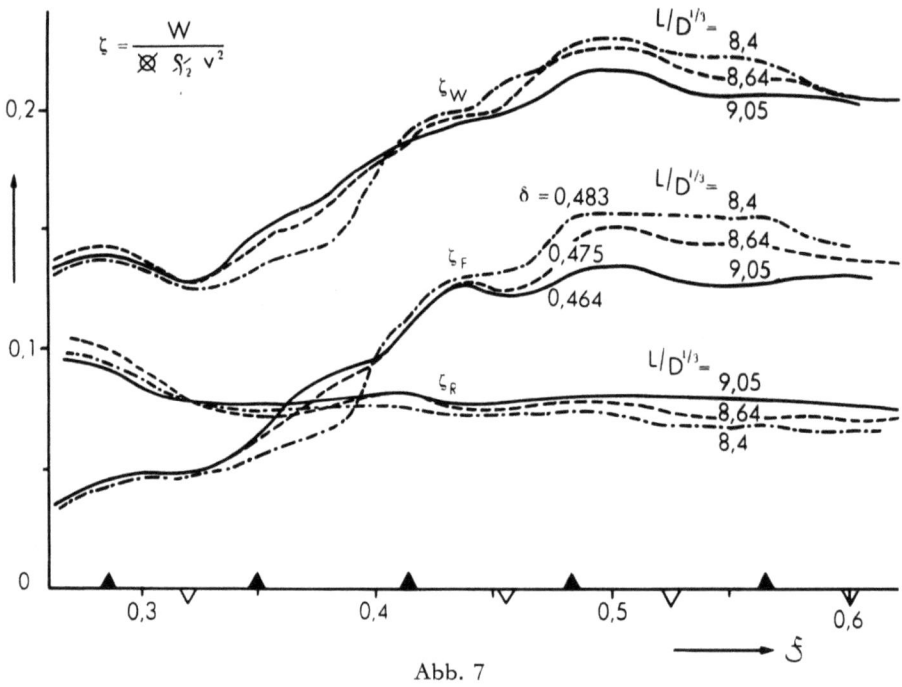

Abb. 7

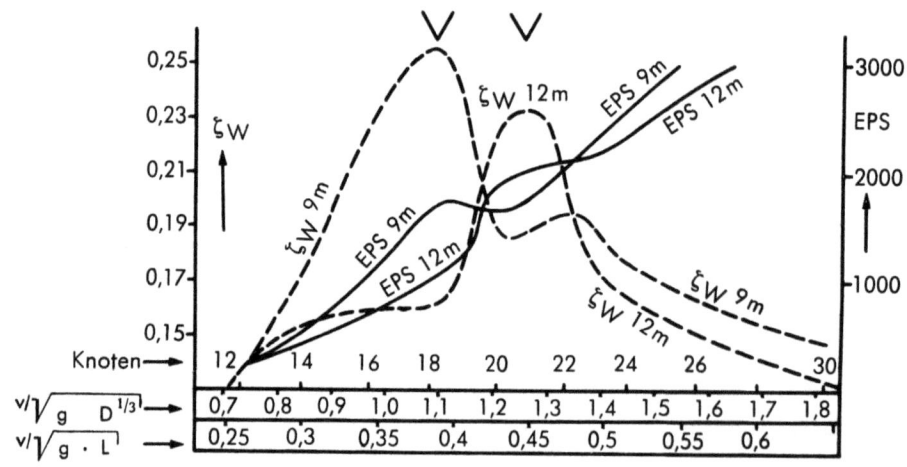

Abb. 8

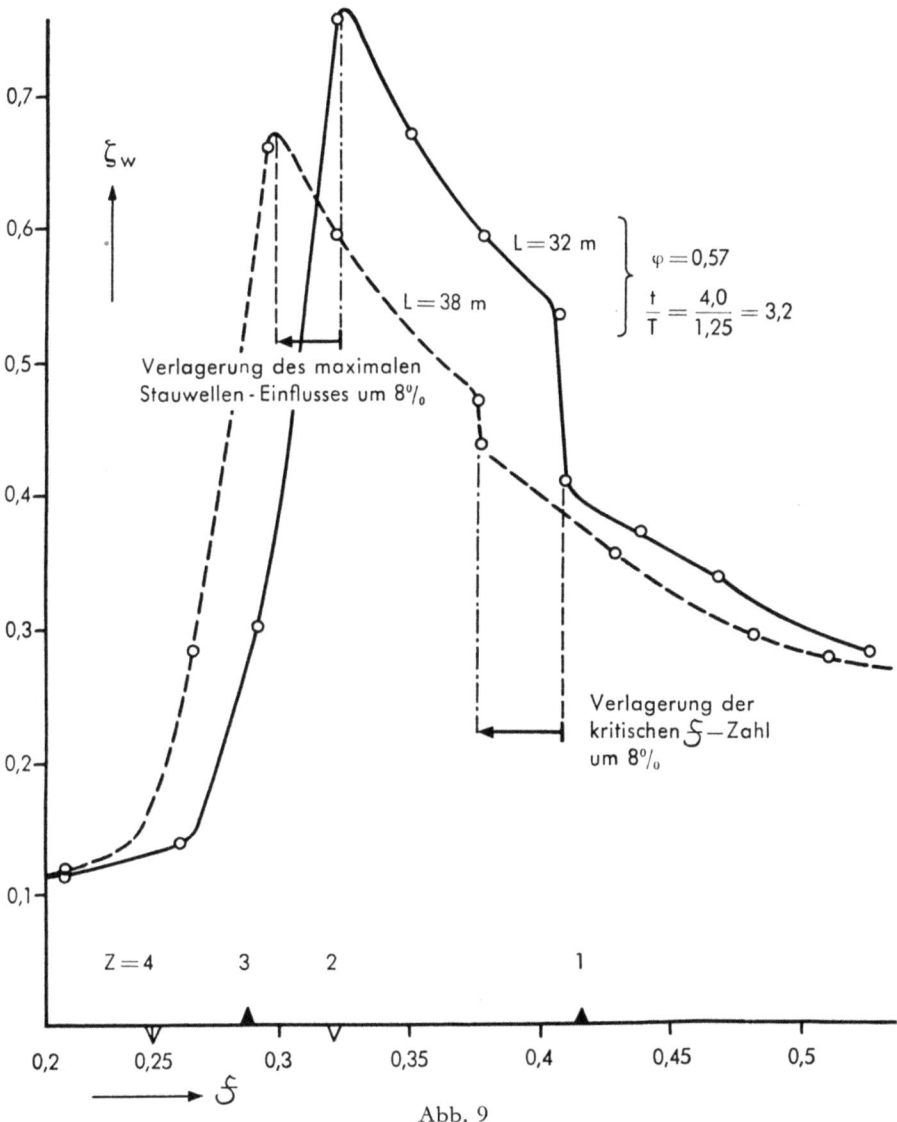

Abb. 9

Abb. 9 zeigt über der Froudeschen Zahl aufgetragen die Widerstandsbeiwerte (ζ_w) zweier gleich großer, aber verschieden langer Schiffe auf flachem Wasser.

Die Auswertung ergibt, daß beim längeren Schiff die kritischen, für das Entstehen von Resonanzerscheinungen verantwortlichen Froudeschen

Zahlen niedriger liegen und daß sich daher auch der maximale Stauwelleneinfluß verlagert, was nicht nur eine Folge der Wassertiefenbeschränkung ist, sondern auch einen Breiteneinfluß des Fahrwassers andeutet, der sich beim längeren Schiff stärker auswirkt. Auf tiefem Wasser ergeben sich konstante Kennzahlen zur Charakteristik des Kurvenverlaufs für die Formwiderstandsbeiwerte, auf flachem Wasser veränderliche Kennzahlen.

Trotz einer fast siebzigjährigen Betätigung mit ihrem reichen Schatz angesammelter Erfahrungen ist die Schiffbauversuchstechnik doch noch ein ganz junges Unternehmen wissenschaftlicher Forschung zu nennen.

Bei systematischen Modellversuchen ist es notwendig, streng variierte Formen zu verwenden, wenn die Ergebnisse einer experimentellen Untersuchung allgemeingültigen Wert erhalten sollen, und es pflegt daher eine ganze Anzahl vereinfachender Annahmen gemacht zu werden. Damit liegt stets die Gefahr nahe, durch zwangsweise Einengung eine allzu starke Einbuße an „Naturverbundenheit" zu erleiden, wenn es sich um Objekte handelt, die eine so weitgehende Mannigfaltigkeit zulassen.

Während man hinsichtlich der Erforschung der Widerstandsverhältnisse in den ersten Jahrzehnten experimenteller Klärungsversuche die Schiffsform durch ihre Ausdehnung in den drei Raumdimensionen, durch die Völligkeitsgrade der Verdrängung, ihre Schwerpunktlage und den Schlankheitsgrad genügend berücksichtigt zu haben glaubte, zeigte sich in den beiden letzten Jahrzehnten zunehmend die Unvollkommenheit einer solchen Einschränkung des Begriffs der Schiffsform. In Nacheiferung der erfolgreichen Anstrengungen von mathematisch-physikalischer Seite zur Erfassung der Widerstandsprobleme ganz und teilweise getauchter und formenmäßig sehr vielseitig entwickelter Körper wird auch die experimentelle Forschung die Gestaltungsmöglichkeiten der Schiffsform nicht in der bisher geübten Weise weiterhin einschränken dürfen. Wie in Amerika vorgenommene Versuche zur Ergänzung der klassischen Standardserien von Taylor zu der Erkenntnis geführt haben, daß der Schärfegrad φ die ihm bisher beigemessene Bedeutung eines sicheren Kennzeichens für den Wellenwiderstand nicht besitzt, wenn nicht gleichzeitig mit seiner Abwandlung die Frage nach der optimalen Schiffsform gestellt wird, so lehren die mit Binnenschiffsformen auf flachem Wasser durchgeführten Versuche, daß die zur Definition der hier oft besonders komplizierten Schiffsform gebräuchlichen Formparameter durchaus ergänzungsbedürftig sind. Hier müssen – zunächst unabhängig von der Stauwellenbeeinflussung – anschließend unter ihrer Hinzuziehung – für eine exakt einzuhaltende Systematik neue Begriffe die

Berücksichtigung der Linienführung in örtlich begrenzten Bezirken gestatten. Zur Beschreibung von Linienführungen und Oberflächenformen müssen neue, geeignete Koeffizienten gefunden werden. Für die Völligkeit der Verdrängung sollten – soweit dieser Wert zur Beurteilung der Widerstandsverhältnisse herangezogen wird – andere Bezugsgrößen gewählt werden, wenn es sich um Schiffsformen mit Schraubentunneln oder mit großen horizontal liegenden Oberflächenteilen im hochgezogenen Heck handelt. Dem Strömungsverlauf entlang der Außenhaut und den Zuschärfungs- bzw. Anstellwinkeln der Körperoberfläche, den Lufteinbruchsstellen in den Propeller wird ebenso größere Beachtung geschenkt werden müssen wie der Lage von Stau- und Ablösungspunkten.

Abb. 10

Besonders die Vorverlagerung des Ablösungspunktes an der hinteren Schulter, die bei wachsender Geschwindigkeit zu beobachten ist und für Interferenz- und Resonanzstellen nach getrennten Kurven verläuft, s. Abb. 11, dürfte eine durch systematische Versuche zu erhärtende und noch in vielfacher Richtung auszuwertende Erscheinungsform sein.

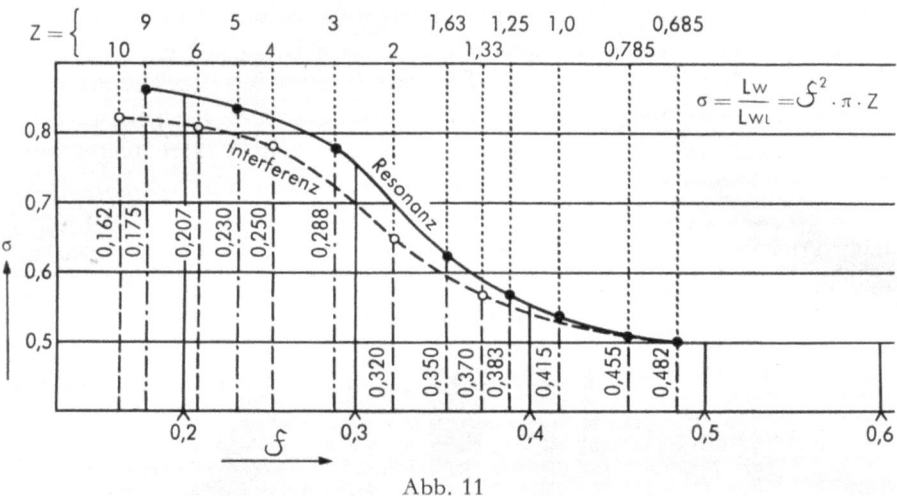

Abb. 11

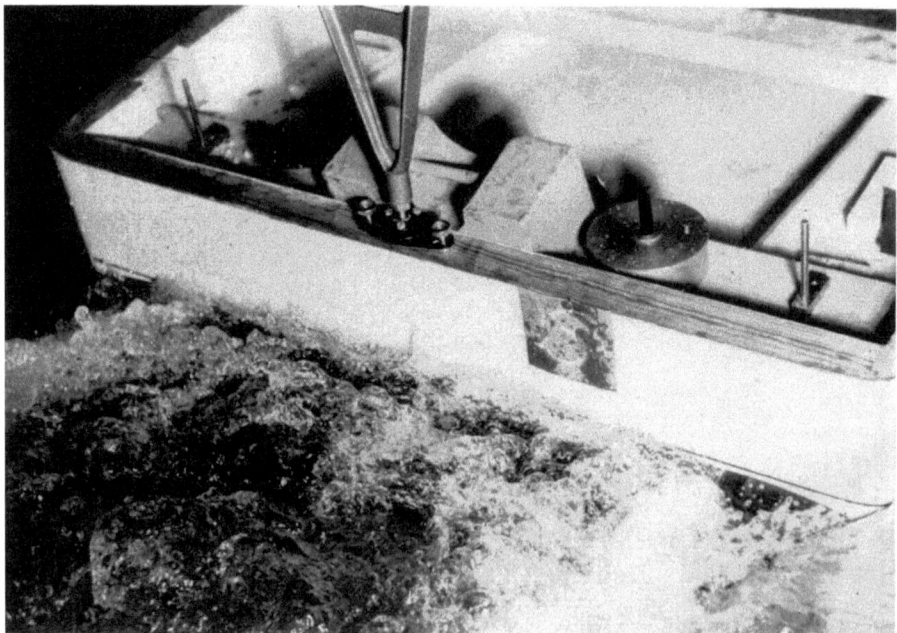

Abb. 12

Ganz eng verbunden mit allen Fragen des Schiffswiderstandes muß die Beherrschung der Wirkungsgrade aller bei der Propulsion tätigen Organe und ihrer Einfügung in das Formgebilde des Schiffs bleiben. Eins der wirksamsten Mittel, hier hineinzuleuchten, dürfte die sichere Erfassung der Sog- und Nachstromwerte sein.

Abb. 13

Sehr nützliche, umfassende Vorarbeit ist unter Anwendung großer Sorgfalt auf diesem Gebiet bereits geleistet, doch sind eine Reihe von Ergänzungen noch notwendig, besonders solche, die eine Anwendung der Methode der Vorausbestimmung auf Schiffe in flachem und strömendem Wasser gestatten. Als Beispiel dafür, wie das Vorhandensein einer mit genauen Meßinstrumenten ausgestatteten Versuchsanlage allgemeingültige Thesen zu beseitigen geeignet ist, mag die in den letzten Tagen ganz deutlich belegte Erscheinung gelten, daß es – selbstverständlich trotz wertmäßig richtiger Erfassung des Gefällewiderstands – widerstandsmäßig nicht gleichgültig ist, ob ein Schiff gegen ruhiges Wasser fährt oder ob ein ruhendes Schiff von Wasser gleicher Strömungsgeschwindigkeit umflossen wird.

Vermutungen in dieser Richtung sind schon vor mehr als 35 Jahren ausgesprochen worden und Meßergebnisse an naturgroßen Schiffen schienen bisweilen darauf hinzudeuten, Erklärungen mannigfacher Art sind dafür aufgestellt worden. Bevor aber exakte Ergebnisse aus systematisch aufgebauten Versuchsreihen vorliegen, ist es verfrüht, eindeutige Begründungen aufstellen zu wollen. Die jüngsten Modellversuche in strömendem Wasser haben eindeutig eine Widerstandsverminderung bei größeren Schiffs- und Strömungsgeschwindigkeiten erbracht, wenn stärkerer Flachwassereinfluß vorlag. Weitere und möglichst systematische Untersuchungen in dieser Richtung sind geplant.

Forschungsaufgaben, die die hier angedeuteten Probleme einer brauchbaren Lösung entgegenzuführen geeignet sind, werden aufs Ganze gesehen immer besondere Erfolgsaussichten haben, weil sie dem Entwurfsingenieur und dem Konstrukteur auf den verantwortungsbewußten Werften ein langersehntes, lebensnotwendiges Rüstzeug liefern werden, dasjenige nämlich, das sie unmittelbar befähigt, den in jeder produktiven Wirtschaft wirksamsten Fortschritt zu erzielen: Höchstleistungen – hier in bezug auf Geschwindigkeit – und Einsparungen – hier in bezug auf Maschinenstärke und Brennstoffverbrauch – und zwar durch bestmögliche Gestaltung unserer See- und Binnenschiffe.

Diskussion

Staatssekretär Professor Dr. h. c. Leo Brandt

Der Vortrag hat uns einen Einblick in die Forschungsprobleme des modernen Schiffbaus, insbesondere des Binnenschiffbaus gegeben und aufgezeigt, in welcher Weise die Einrichtungen und Methoden der neuen Versuchsanstalt für Binnenschiffbau sich für die Durchführung dieser Forschungsaufgaben eignen. Es harren natürlich noch zahlreiche Probleme der Lösung. Ich möchte aber nicht unerwähnt lassen, daß durch einen Vortrag von Herrn Professor Sturtzel in diesem Kreise vor einigen Jahren die Anregung zur Errichtung einer Versuchsanstalt für die Binnenschiffahrt gegeben und die ersten Verhandlungen von Herrn Professor Seewald mit den zuständigen Stellen geführt wurden. Für diese erfolgreichen Bemühungen, die zur Errichtung dieses Institutes, das bereits wertvolle Beiträge für die Schiffbauforschung leistet, geführt haben, möchte ich Herrn Kollegen Seewald an dieser Stelle den besonderen Dank aussprechen.

Herr Professor Seewald äußerte Bedenken gegen die im Vortrag erwähnte Erscheinung, der Schiffswiderstand könne unter Berücksichtigung des Gefällewiderstands bei Bergfahrt gegen den Strom geringer sein als bei gleich großer Relativgeschwindigkeit gegen stehendes Wasser. Er weist insbesondere auf die sehr hohen Genauigkeiten hin, mit dem die Gewichtskomponente und mithin die Neigung der Wasseroberfläche bestimmt werden muß, und er wirft die Frage auf, ob die im strömenden Wasser vorhandenen Unterschiede in der Geschwindigkeit nicht durch eine entsprechende Definition einer wirksamen mittleren Geschwindigkeit berücksichtigt werden müssen.

Die Frage der Geschwindigkeitsbestimmung wurde anschließend ausgiebig erörtert.

Diskussion

Professor Dipl.-Ing. Wilhelm Sturtzel

Wir wissen noch nicht den Grund dieser Erscheinung, werden aber das Problem eingehend untersuchen. Als Strömungsgeschwindigkeit wird stets der Maximalwert dicht unter dem Wasserspiegel eingesetzt. Der auf die Strömung entfallende Anteil an der Relativgeschwindigkeit zwischen Wasser und Schiff ist aber, wenn er auf diese Weise auf die ganze Außenhaut bezogen wird, zu hoch bewertet. Außerdem kann dadurch eine Änderung in der Druckverteilung und in der Schwimmlage eintreten. Vermutlich liegt darin eine der Ursachen. Eine Aufklärung ist besonders im Interesse des Nachweises von Probefahrtsgeschwindigkeiten dringend erwünscht.

Werftdirektor a. D. Jakob Graff

In seinem interessanten Vortrag führte Herr Professor Sturtzel aus, daß mit der Propellerdüse der Trossenzug eines Schleppers am Pfahl bis zu 50% und in der Fahrt bis zu 27% verbessert werden könne.

Zu diesen Ausführungen möchte ich zunächst bemerken, daß der Reeder mit dem Ergebnis einer Pfahlprobe nichts anfangen kann, weil bei dieser Zugprobe die Fahrgeschwindigkeit gleich null ist.

Auf dem Rhein wird mit einer Geschwindigkeit von 10,5 bis 11 km je Stunde, gegen Wasser gemessen, geschleppt. Nach den Kurven, die Kort herausgegeben hat, fällt der Wirkungsgrad der Düse mit steigender Schleppgeschwindigkeit stark ab. Er ist am höchsten bei der Schleppgeschwindigkeit 0 und fällt nach diesen Kurven bei einer Geschwindigkeit von 12 km auf 0 ab. Schon nach diesen Angaben von Kort kann die Düse nicht viel bringen. In Wirklichkeit bringt die Düse nach meinen Beobachtungen schon bei einer viel geringeren Schleppgeschwindigkeit als 10,5 km je Std. nichts.

Beweis:

Eine bekannte Reederei auf dem Rhein besitzt 2 Schlepper — Zweischrauber — mit je 2 × 475 PS Antriebsleistung. Der eine, ein Gasschlepper, hat Düsen mit einem Tiefgang von 1,6 m; der andere Schlepper besitzt Zweitaktmotoren, hat keine Düsen und geht nur 1,5 m tief.

Der Schlepper mit Düsen mit 1,6 m Tiefgang müßte doch, wenn die Düse etwas brächte, die größere Schleppleistung aufweisen. Das Gegenteil ist aber der Fall. Der ohne Düsen mit nur 1,5 m Tiefgang weist eine nicht unbedeutende größere Schleppleistung auf als der mit Düse.

Ich kenne auch andere Fälle, in denen die Düse nichts oder ein Minus gebracht hat.

Die Düse kann bei kleinen Geschwindigkeiten und bei sehr völligem Hinterschiff als Sogminderer wirken. Setzt man aber den Propeller ohne Düse weit genug vom Schiff ab, so daß er guten Wasserzufluß bekommt und schirmt ihn auch gegen Lufteinbruch gut ab, so wird ein solcher Antrieb nach Einbau einer Düse, auch bei kleinen Geschwindigkeiten, nicht zu verbessern sein.

Wenn wirklich einmal die Düse am Modell oder am Schiff etwas gebracht hat, dann hat es daran gelegen, daß der Propeller ohne Düse in Längsrichtung zu nahe am Schiff angeordnet und zudem noch Lufteinbruch vorhanden war. Sowohl starker Sog als auch ein Lufteinbruch lassen sich sehr gut ohne Düse vermeiden, dabei kann aber der Eigenwiderstand der Düse vermieden und für den Trossenzug gewonnen werden. Der Wirkungsgrad der Propeller läßt sich natürlich auch dadurch verbessern, daß man keine zu hohe Propellerbelastung zuläßt und bei vorgeschriebenem Tiefgang, bei dem der Propellerdurchmesser nicht vergrößert werden darf, zum Drei- und Vierschrauber übergeht. Für eine Versuchsanstalt gibt es da noch viele dankbare Aufgaben zu lösen.

1. Wie weit der bzw. die Propeller vom Schwerpunkt des Verdrängungskörpers des Hinterschiffes abstehen sollen, um den Sog klein, aber noch wirtschaftlich vertretbar zu halten. Die Versuche müßten mindestens für 3 verschiedene Völligkeiten des Hinterschiffes durchgeführt werden. Bei 3 verschiedenen Enfernungen der Propeller vom Verdrängungsschwerpunkt des Hinterschiffs ergäben das schon 9 Versuche mit mindestens 3 verschiedenen Modellen für einen Schlepper von etwa 1000 PS für einen bestimmten Tiefgang des Schleppers.

2. Die Klärung der Frage, wie hoch der mechanische Wirkungsgrad des Propellerantriebes getrieben werden darf, um noch wirtschaftlich vertretbar zu bleiben.

Eine von mir durchgeführte Untersuchung hat z. B. ergeben, daß sich der um DM 45 000,— höhere Baupreis eines Dreischraubers gegen einen gleich starken Zweischrauber gut rechtfertigen läßt, wenn die Schleppleistung des Dreischraubers auch nur um 7% höher liegt als die vom Zweischrauber.

3. Da vermutet werden kann, daß die Düse bei übergroßer Belastung der Propeller doch etwas bringen könnte, so wäre auch diese Frage schon deshalb zu klären, weil die in den letzten Jahren für den Rhein gebauten Schlepper mit übergroßbelasteten Propellern mit ihrer Schleppleistung weit hinter dem Ergebnis der Faustformel — (4 t je PS) — bleiben.

Auf einige Nachteile der hochbelasteten Propeller sei auch bei dieser Gelegenheit noch hingewiesen:

1. Hoch belastete Propeller haben eine verhältnismäßig hohe Umfangsgeschwindigkeit, die unliebsame Korrosionen am inneren Mantel der Düsen verursachen.
2. Hochbelastete Propeller bewirken eine hohe Wasserbeschleunigung, die bei niedrigem Wasserstand die Flußsohle angreift und zweifellos die Erosion stark fördert.

Professor Dipl.-Ing. Wilhelm Sturtzel

Ich danke Ihnen sehr, daß Sie Anregungen dafür gegeben haben, was auf dem Gebiet der Anwendung von Düsen forschungsseitig noch geschehen müsse, und bin mir bewußt, daß gerade bezüglich der Anordnung noch sehr viel geschehen kann. Was ich in meinem Vortrag gesagt habe, bezog ich ausdrücklich auf sehr hoch belastete Schlepper, und ich habe die Pfahlprobe mit ihren hohen Werten genannt, weil sie von den Reedern, insbesondere bei Hafen- und Seeschleppern, fast stets als Garantieleistung verlangt wird. Daß ich die Propulsion verbessern kann, wenn ich einen ungünstig sitzenden Propeller an eine andere Stelle setze, ist durchaus bekannt. Wir werden uns aber bemühen, in der Frage, wann der Propulsionswirkungsgrad durch richtige Anordnung der Düse verbessert werden kann, weiter zu forschen.

VERÖFFENTLICHUNGEN DER ARBEITSGEMEINSCHAFT FÜR FORSCHUNG DES LANDES NORDRHEIN-WESTFALEN

NATURWISSENSCHAFTEN

HEFT 1
Prof. Dr.-Ing. Friedrich Seewald, Aachen
Neue Entwicklungen auf dem Gebiet der Antriebsmaschinen
Prof. Dr.-Ing. Friedrich A. F. Schmidt, Aachen
Technischer Stand und Zukunftsaussichten der Verbrennungsmaschinen, insbesondere der Gasturbinen
Dr.-Ing. Rudolf Friedrich, Mülheim (Ruhr)
Möglichkeiten und Voraussetzungen der industriellen Verwertung der Gasturbine
1951, 52 Seiten, 15 Abb., kartoniert, DM 2,75

HEFT 2
Prof. Dr.-Ing. Wolfgang Riezler, Bonn
Probleme der Kernphysik
Prof. Dr. Fritz Micheel, Münster
Isotope als Forschungsmittel in der Chemie und Biochemie
1951, 40 Seiten, 10 Abb., kartoniert, DM 2,40

HEFT 3
Prof. Dr. Emil Lehnartz, Münster
Der Chemismus der Muskelmaschine
Prof. Dr. Gunther Lehmann, Dortmund
Physiologische Forschung als Voraussetzung der Bestgestaltung der menschlichen Arbeit
Prof. Dr. Heinrich Kraut, Dortmund
Ernährung und Leistungsfähigkeit
1951, 60 Seiten, 35 Abb., kartoniert, DM 3,50

HEFT 4
Prof. Dr. Franz Wever, Düsseldorf
Aufgaben der Eisenforschung
Prof. Dr.-Ing. Hermann Schenck, Aachen
Entwicklungslinien des deutschen Eisenhüttenwesens
Prof. Dr.-Ing. Max Haas, Aachen
Wirtschaftliche Bedeutung der Leichtmetalle und ihre Entwicklungsmöglichkeiten
1952, 60 Seiten, 20 Abb., kartoniert, DM 3,50

HEFT 5
Prof. Dr. Walter Kikuth, Düsseldorf
Virusforschung
Prof. Dr. Rolf Danneel, Bonn
Fortschritte der Krebsforschung
Prof. Dr. Dr. Werner Schulemann, Bonn
Wirtschaftliche und organisatorische Gesichtspunkte für die Verbesserung unserer Hochschulforschung
1952, 50 Seiten, 2 Abb., kartoniert, DM 2,75

HEFT 6
Prof. Dr. Walter Weizel, Bonn
Die gegenwärtige Situation der Grundlagenforschung in der Physik
Prof. Dr. Siegfried Strugger, Münster
Das Duplikantenproblem in der Biologie
Direktor Dr. Fritz Gummert, Essen
Überlegungen zu den Faktoren Raum und Zeit im biologischen Geschehen und Möglichkeiten einer Nutzanwendung
1952, 64 Seiten, 20 Abb., kartoniert, DM 3,—

HEFT 7
Prof. Dr.-Ing. August Götte, Aachen
Steinkohle als Rohstoff und Energiequelle
Prof. Dr. Dr. E. h. Karl Ziegler, Mülheim (Ruhr)
Über Arbeiten des Max-Planck-Institutes für Kohlenforschung
1953, 66 Seiten, 4 Abb., kartoniert, DM 3,60

HEFT 8
Prof. Dr.-Ing. Wilhelm Fucks, Aachen
Die Naturwissenschaft, die Technik und der Mensch
Prof. Dr. Walter Hoffmann, Münster
Wirtschaftliche und soziologische Probleme des technischen Fortschritts
1952, 84 Seiten, 12 Abb., kartoniert, DM 4,80

HEFT 9
Prof. Dr.-Ing. Franz Bollenrath, Aachen
Zur Entwicklung warmfester Werkstoffe
Prof. Dr. Heinrich Kaiser, Dortmund
Stand spektralanalytischer Prüfverfahren und Folgerung für deutsche Verhältnisse
1952, 100 Seiten, 62 Abb., kartoniert, DM 6,—

HEFT 10
Prof. Dr. Hans Braun, Bonn
Möglichkeiten und Grenzen der Resistenzzüchtung
Prof. Dr.-Ing. Carl Heinrich Dencker, Bonn
Der Weg der Landwirtschaft von der Energieautarkie zur Fremdenergie
1952, 74 Seiten, 23 Abb., kartoniert, DM 4,30

HEFT 11
Prof. Dr.-Ing. Herwart Opitz, Aachen
Entwicklungslinien der Fertigungstechnik in der Metallbearbeitung
Prof. Dr.-Ing. Karl Krekeler, Aachen
Stand und Aussichten der schweißtechnischen Fertigungsverfahren
1952, 72 Seiten, 49 Abb., kartoniert, DM 5,—

HEFT 12
Dr. Hermann Rathert, Wuppertal-Elberfeld
Entwicklung auf dem Gebiet der Chemiefaser-Herstellung
Prof. Dr. Wilhelm Weltzien, Krefeld
Rohstoff und Veredlung in der Textilwirtschaft
1952, 84 Seiten, 29 Abb., kartoniert, DM 4,80

HEFT 13
Dr.-Ing. E. h. Karl Herz, Frankfurt a. M.
Die technischen Entwicklungstendenzen im elektrischen Nachrichtenwesen
Staatssekretär Prof. Leo Brandt, Düsseldorf
Navigation und Luftsicherung
1952, 102 Seiten, 97 Abb., kartoniert, DM 7,25

HEFT 14
Prof. Dr. Burckhardt Helferich, Bonn
Stand der Enzymchemie und ihre Bedeutung
Prof. Dr. Hugo Wilhelm Knipping, Köln
Ausschnitt aus der klinischen Carcinomforschung am Beispiel des Lungenkrebses
1952, 72 Seiten, 12 Abb., kartoniert, DM 4,30

HEFT 15
Prof. Dr. Abraham Esau †, Aachen
Ortung mit elektrischen und Ultraschallwellen in Technik und Natur
Prof.-Ing. Eugen Flegler, Aachen
Die ferromagnetischen Werkstoffe der Elektrotechnik und ihre neueste Entwicklung
1953, 84 Seiten, 25 Abb., kartoniert, DM 4,80

HEFT 16
Prof. Dr. Rudolf Seyffert, Köln
Die Problematik der Distribution
Prof. Dr. Theodor Beste, Köln
Der Leistungslohn
1952, 70 Seiten, 1 Abb., kartoniert, DM 3,50

HEFT 17
Prof. Dr.-Ing. Friedrich Seewald, Aachen
Luftfahrtforschung in Deutschland und ihre Bedeutung für die allgemeine Technik
Prof. Dr.-Ing. Edouard Houdremont, Essen
Art und Organisation der Forschung in einem Industrieforschungsinstitut der Eisenindustrie
1953, 90 Seiten, 4 Abb., kartoniert, DM 4,20

HEFT 18
Prof. Dr. Werner Schulemann, Bonn
Theorie und Praxis pharmakologischer Forschung
Prof. Dr. Wilhelm Groth, Bonn
Technische Verfahren zur Isotopentrennung
1953, 72 Seiten, 17 Abb., kartoniert, DM 4,—

HEFT 19
Dipl.-Ing. Kurt Traenckner, Essen
Entwicklungstendenzen der Gaserzeugung
1953, 26 Seiten, 12 Abb., kartoniert, DM 1,60

HEFT 20
Lw. M. Zvegintzow, London
Wissenschaftliche Forschung und die Auswertung ihrer Ergebnisse
Ziel und Tätigkeit der National Research Development Corporation
Dr. Alexander King, London
Wissenschaft und internationale Beziehungen
1954, 88 Seiten, kartoniert, DM 4,20

HEFT 21
Prof. Dr. Robert Schwarz, Aachen
Wesen und Bedeutung der Silicium-Chemie
Prof. Dr. Dr. h. c. Kurt Alder, Köln
Fortschritte in der Synthese von Kohlenstoffverbindungen
1954, 76 Seiten, 49 Abb., kartoniert, DM 4,—

HEFT 21a
Prof. Dr. Dr. h. c. Otto Hahn, Göttingen
Die Bedeutung der Grundlagenforschung für die Wirtschaft
Prof. Dr. Siegfried Strugger, Münster
Die Erforschung des Wasser- und Nährsalztransportes im Pflanzenkörper mit Hilfe der fluoreszenzmikroskopischen Kinematographie
1953, 74 Seiten, 26 Abb., kartoniert, DM 5,—

HEFT 22
Prof. Dr. Johannes von Allesch, Göttingen
Die Bedeutung der Psychologie im öffentlichen Leben
Prof. Dr. Otto Graf, Dortmund
Triebfedern menschlicher Leistung
1953, 80 Seiten, 19 Abb., kartoniert, DM 4,—

HEFT 23
Prof. Dr. Dr. h. c. Bruno Kuske, Köln
Zur Problematik der wirtschaftswissenschaftlichen Raumforschung
Prof. Dr. Dr.-Ing. E. h. Stephan Prager, Düsseldorf
Städtebau und Landesplanung
1954, 84 Seiten, kartoniert, DM 3,50

HEFT 24
Prof. Dr. Rolf Danneel, Bonn
Über die Wirkungsweise der Erbfaktoren
Prof. Dr. Kurt Herzog, Krefeld
Bewegungsbedarf der menschlichen Gliedmaßengelenke bei der Berufsarbeit
1953, 76 Seiten, 18 Abb., kartoniert, DM 4,—

HEFT 25
Prof. Dr. Otto Haxel, Heidelberg
Energiegewinnung aus Kernprozessen
Dr.-Ing. Dr. Max Wolf, Düsseldorf
Gegenwartsprobleme der energiewirtschaftlichen Forschung
1953, 98 Seiten, 27 Abb., kartoniert, DM 5,25

HEFT 26
Prof. Dr. Friedrich Becker, Bonn
Ultrakurzwellenstrahlung aus dem Weltraum
Dr. Hans Straßl, Bonn
Bemerkenswerte Doppelsterne und das Problem der Sternentwicklung
1954, 70 Seiten, 8 Abb., kartoniert, DM 3,60

HEFT 27
Prof. Dr. Heinrich Behnke, Münster
Der Strukturwandel der Mathematik in der ersten Hälfte des 20. Jahrhunderts
Prof. Dr. Emanuel Sperner, Hamburg
Eine mathematische Analyse der Luftdruckverteilungen in großen Gebieten
1956, 96 Seiten, 12 Abb., 5 Tab., kart., DM 5,—

HEFT 28
Prof. Dr. Oskar Niemczyk, Aachen
Die Problematik gebirgsmechanischer Vorgänge im Steinkohlenbergbau
Prof. Dr. Wilhelm Ahrens, Krefeld
Die Bedeutung geologischer Forschung für die Wirtschaft, besonders in Nordrhein-Westfalen
1955, 96 Seiten, 12 Abb., kartoniert, DM 5,25

HEFT 29
Prof. Dr. Bernhard Rensch, Münster
Das Problem der Residuen bei Lernleistungen
Prof. Dr. Hermann Fink, Köln
Über Leberschäden bei der Bestimmung des biologischen Wertes verschiedener Eiweiße von Mikroorganismen
1954, 96 Seiten, 23 Abb., kartoniert, DM 5,25

HEFT 30
Prof. Dr.-Ing. Friedrich Seewald, Aachen
Forschungen auf dem Gebiete der Aerodynamik
Prof. Dr.-Ing. Karl Leist, Aachen
Einige Forschungsarbeiten aus der Gasturbinentechnik
1955, 98 Seiten, 45 Abb., kartoniert, DM 7,—

HEFT 31
Prof. Dr.-Ing. Dr. h. c. Fritz Mietzsch, Wuppertal
Chemie und wirtschaftliche Bedeutung der Sulfonamide
Prof. Dr. h. c. Gerhard Domagk, Wuppertal
Die experimentellen Grundlagen der bakteriellen Infektionen
1954, 82 Seiten, 2 Abb., kartoniert, DM 4,—

HEFT 32
Prof. Dr. Hans Braun, Bonn
Die Verschleppung von Pflanzenkrankheiten und -schädigungen über die Welt
Prof. Dr. Wilhelm Rudolf, Voldagsen
Der Beitrag von Genetik und Züchtung zur Bekämpfung von Viruskrankheiten der Nutzpflanzen
1953, 88 Seiten, 36 Abb., kartoniert, DM 5,—

HEFT 33
Prof. Dr.-Ing. Volker Aschoff, Aachen
Probleme der elektroakustischen Einkanalübertragung
Prof. Dr.-Ing. Herbert Döring, Aachen
Erzeugung und Verstärkung von Mikrowellen
1954, 74 Seiten, 23 Abb., kartoniert, DM 4,30

HEFT 34
Geheimrat Prof. Dr. Dr. Rudolf Schenck, Aachen
Bedingungen und Gang der Kohlenhydratsynthese im Licht
Prof. Dr. Emil Lehnartz, Münster
Die Endstufen des Stoffabbaues im Organismus
1954, 80 Seiten, 11 Abb., kartoniert, DM 4,20

HEFT 35
Prof. Dr.-Ing. Hermann Schenck, Aachen
Gegenwartsprobleme der Eisenindustrie in Deutschland
Prof. Dr.-Ing. Eugen Piwowarsky †, Aachen
Gelöste und ungelöste Probleme im Gießereiwesen
1954, 110 Seiten, 67 Abb., kartoniert, DM 6,50

HEFT 36
Prof. Dr. Wolfgang Riezler, Bonn
Teilchenbeschleuniger
Prof. Dr. Gerhard Schubert, Hamburg
Anwendung neuer Strahlenquellen in der Krebstherapie
1954, 104 Seiten, 43 Abb., kartoniert, DM 7,—

HEFT 37
Prof. Dr. Franz Lotze, Münster
Probleme der Gebirgsbildung
1957, 48 Seiten, 12 Abb., kartoniert, DM 2,75

HEFT 38
Dr. E. Colin Cherry, London
Kybernetik
Prof. Dr. Erich Pietsch, Clausthal-Zellerfeld
Dokumentation und mechanisches Gedächtnis — zur Frage der Ökonomie der geistigen Arbeit
1954, 108 Seiten, 31 Abb., kartoniert, DM 5,25

HEFT 39
Dr. Heinz Haase, Hamburg
Infrarot und seine technischen Anwendungen
Prof. Dr. Abraham Esau †, Aachen
Ultraschall und seine technischen Anwendungen
1955, 80 Seiten, 25 Abb., kartoniert, DM 4,80

HEFT 40
Bergassessor Fritz Lange, Bochum-Hordel
Die wirtschaftliche und soziale Bedeutung der Silikose im Bergbau
Prof. Dr. Walter Kikuth, Düsseldorf
Die Entstehung der Silikose und ihre Verhütungsmaßnahmen
1954, 120 Seiten, 40 Abb., kartoniert, DM 7,25

HEFT 40a
Prof. Dr. Eberhard Gross, Bonn
Berufskrebs und Krebsforschung
Prof. Dr. Hugo Wilhelm Knipping, Köln
Die Situation der Krebsforschung vom Standpunkt der Klinik
1955, 88 Seiten, 31 Abb., kartoniert, DM 5,—

HEFT 41
Direktor Dr.-Ing. Gustav-Victor Lachmann, London
An einer neuen Entwicklungsschwelle im Flugzeugbau
Direktor Dr.-Ing. A. Gerber, Zürich-Oerlikon
Stand der Entwicklung der Raketen- und Lenktechnik
1955, 88 Seiten, 44 Abb., kartoniert, DM 6,—

HEFT 42
Prof. Dr. Theodor Kraus, Köln
Über Lokalisationsphänomene und Ordnungen im Raume
Direktor Dr. Fritz Gummert, Essen
Vom Ernährungsversuchsfeld der Kohlenstoffbiologischen Forschungsstation Essen
1957, 69 Seiten, 20 Abb., kartoniert, DM 4,50

HEFT 42a
Prof. Dr. Dr. h. c. Gerhard Domagk, Wuppertal
Fortschritte auf dem Gebiet der experimentellen Krebsforschung
1954, 46 Seiten, kartoniert, DM 2,—

HEFT 43
Prof. Giovanni Lampariello, Rom
Über Leben und Werk von Heinrich Hertz
Prof. Dr. Walter Weizel, Bonn
Über das Problem der Kausalität in der Physik
1955, 76 Seiten, kartoniert, DM 3,30

HEFT 43a
Prof. Dr. José Ma Albareda, Madrid
Die Entwicklung der Forschung in Spanien
1956, 68 Seiten, 18 Abb., kartoniert, DM 4,—

HEFT 44
Prof. Dr. Burckhardt Helferich, Bonn
Über Glykoside
Prof. Dr. Fritz Micheel, Münster
Kohlenhydrat-Eiweiß-Verbindungen und ihre biochemische Bedeutung
1956, 70 Seiten, 67 Abb., kartoniert, DM 4,60

HEFT 45
Prof. Dr. John von Neumann, Princeton, USA
Entwicklung und Ausnutzung neuerer mathematischer Maschinen
Prof. Dr. E. Stiefel, Zürich
Rechenautomaten im Dienste der Technik mit Beispielen aus dem Züricher Institut für angewandte Mathematik
1955, 74 Seiten, 6 Abb., kartoniert, DM 3,50

HEFT 46
Prof. Dr. Wilhelm Weltzien, Krefeld
Ausblick auf die Entwicklung synthetischer Fasern
Prof. Dr. Walther Hoffmann, Münster
Wachstumsprobleme der Industriewirtschaft
in Vorbereitung

18 NEUE FORSCHUNGSSTELLEN
im Land Nordrhein-Westfalen
1954, 176 Seiten, 70 Abb., kartoniert, DM 10,—

HEFT 47
Staatssekretär Prof. Leo Brandt, Düsseldorf
Die praktische Förderung der Forschung in Nordrhein-Westfalen
Prof. Dr. Ludwig Raiser, Bad Godesberg
Die Förderung der angewandten Forschung durch die Deutsche Forschungsgemeinschaft
1957, 108 Seiten, 82 Abb., kartoniert, DM 9,55

HEFT 48
Dr. Hermann Tromp, Rom
Bestandsaufnahme der Wälder der Welt als internationale und wissenschaftliche Aufgabe
Prof. Dr. Franz Heske, Schloß Reinbek
Die Wohlfahrtswirkungen des Waldes als internationales Problem
1957, 88 Seiten, kartoniert, DM 3,85

HEFT 49
Präsident Dr. G. Böhnecke, Hamburg
Zeitfragen der Ozeanographie
Reg.-Direktor Dr. H. Gabler, Hamburg
Nautische Technik und Schiffssicherheit
1955, 120 Seiten, 49 Abb., kartoniert, DM 7,50

HEFT 50
Prof. Dr.-Ing. Friedrich A. F. Schmidt, Aachen
Probleme der Selbstzündung und Verbrennung bei der Entwicklung der Hochleistungskraftmaschinen
Prof. Dr.-Ing. A. W. Quick, Aachen
Ein Verfahren zur Untersuchung des Austauschvorganges in verwirbelten Strömungen hinter Körpern mit abgelöster Strömung
1956, 88 Seiten, 38 Abb., kartoniert, DM 6,20

HEFT 51
Prof. Dr. Siegfried Strugger, Münster
Struktur, Entwicklungsgeschichte und Physiologie der Chloroplasten
in Vorbereitung

HEFT 51a
Direktor Dr. J. Pätzold, Erlangen
Therapeutische Anwendung mechanischer und elektrischer Energie
in Vorbereitung

HEFT 52
Mr. F. A. W. Patmore, London
Der Air Registration Board und seine Aufgaben im Dienst der britischen Flugzeugindustrie
Prof. A. D. Young, Cranfield
Gestaltung der Lehrtätigkeit in der Luftfahrttechnik in Großbritannien
1956, 92 Seiten, 16 Abb., kartoniert, DM 4,65

JAHRESFEIER 1955
Prof. Dr. Josef Pieper, Münster
Über den Philosophie-Begriff Platons
Prof. Dr. Walter Weizel, Bonn
Die Mathematik und die physikalische Realität
1955, 62 Seiten, kartoniert, DM 2,90

HEFT 52a
Dr. D. C. Martin, London
Geschichte und Organisation der Royal Society
Dr. Roux, Südafrika
Probleme der wissenschaftlichen Forschung in der Südafrikanischen Union
in Vorbereitung

HEFT 53
Prof. Dr.-Ing. Georg Schnadel, Hamburg
Forschungsaufgaben zur Untersuchung der Festigkeitsprobleme im Schiffsbau
Prof. Dipl.-Ing. Wilhelm Sturtzel, Duisburg
Forschungsaufgaben zur Untersuchung der Widerstandsprobleme im Schiffsbau

HEFT 53a
Prof. Giovanni Lampariello, Rom
Von Galilei zu Einstein
1956, 92 Seiten, kartoniert, DM 4,20

HEFT 54
Prof. Dr. Julius Bartels, Göttingen
Sonne und Erde — das Thema des internationalen geophysikalischen Jahres
Direktor Dr. Walter Dieminger, Lindau/Harz
Ionosphäre und drahtloser Weitverkehr
in Vorbereitung

HEFT 54a
Sir John Cockcroft, London
Die friedliche Anwendung der Kernenergie
1956, 42 Seiten, 26 Abb., kartoniert, DM 3,—

HEFT 55
Prof. Dr.-Ing. Fritz Schultz-Grunow, Aachen
Das Kriechen und Fließen hochzäher und plastischer Stoffe
Prof. Dr.-Ing. Hans Ebner, Aachen
Wege und Ziele der Festigkeitsforschung besonders im Hinblick auf den Leichtbau
in Vorbereitung

HEFT 56
Prof. Dr. Ernst Derra, Düsseldorf
Der Entwicklungsstand der Herzchirurgie
Prof. Dr. Gunther Lehmann, Dortmund
Muskelarbeit und Muskelermüdung in Theorie und Praxis
1956, 102 Seiten, 49 Abb., kartoniert, DM 6,90

HEFT 57
Prof. Dr. Theodor von Kármán, Pasadena
Freiheit und Organisation in der Luftfahrtforschung
Staatssekretär Prof. Leo Brandt, Düsseldorf
Bericht über den Wiederbeginn deutscher Luftfahrtforschung
in Vorbereitung

HEFT 58
Prof. Dr. Fritz Schröter, Ulm
Neue Forschungs- und Entwicklungsrichtungen im Fernsehen
Prof. Dr. Albert Narath, Berlin
Der gegenwärtige Stand der Filmtechnik
1957, 116 Seiten, 46 Abb., kartoniert, DM 6,95

HEFT 59
Prof. Dr. Richard Courant, New York
Die Bedeutung der modernen mathematischen Rechenmaschinen für mathematische Probleme der Hydrodynamik und Reaktortechnik
Prof. Dr. Ernst Peschl, Bonn
Die Rolle der komplexen Zahlen in der Mathematik und die Bedeutung der komplexen Analysis
in Vorbereitung

HEFT 60
Prof. Dr. Wolfgang Flaig, Braunschweig
Grundlagenforschung auf dem Gebiet des Humus und der Bodenfruchtbarkeit
Prof. Dr. Dr. Eduard Mückenhausen, Bonn
Typologische Bodenentwicklung und Bodenfruchtbarkeit
1956, 112 Seiten, 36 Abb., kartoniert, DM 11,25

HEFT 61
Dr. Klaus Oswatitsch, Aachen
Gelöste und ungelöste Probleme der Gasdynamik
Prof. Dr. W. Georgii, München
Aerophysikalische Flugforschung
in Vorbereitung

HEFT 62
Prof. Dr. A. Butenandt, Tübingen
Über die Analyse der Erbfaktorenwirkung und ihre Bedeutung für biochemische Fragestellungen
Prof. Dr. J. Straub, Köln
Quantitative Genwirkung bei Polyploiden
in Vorbereitung

HEFT 63
Prof. Dr. E. Morgenstern, Princeton
Der theoretische Unterbau der Wirtschaftspolitik
in Vorbereitung

HEFT 64
Prof. Dr. Bernhard Rensch, Münster
Die stammesgeschichtliche Sonderstellung des Menschen
1957, 60 Seiten, 5 Abb., kartoniert, DM 2,95

HEFT 68
Prof. Dr. H. Lorenz, Berlin
Forschungsergebnisse auf dem Gebiete der Bodenmechanik als Wegbereiter für neue Gründungsverfahren
Prof. Dr. Georg Garbotz, Aachen
Die Bedeutung der Baumaschinen- und Baubetriebsforschung für die Praxis

GEISTESWISSENSCHAFTEN

HEFT 1
Prof. Dr. Werner Richter, Bonn
Die Bedeutung der Geisteswissenschaften für die Bildung unserer Zeit
Prof. Dr. Joachim Ritter, Münster
Die aristotelische Lehre vom Ursprung und Sinn der Theorie
1953, 64 Seiten, kartoniert, DM 2,90

HEFT 2
Prof. Dr. Josef Kroll, Köln
Elysium
Prof. Dr. Günther Jachmann, Köln
Die vierte Ekloge Vergils
1953, 72 Seiten, kartoniert, DM 2,90

HEFT 3
Prof. Dr. Hans Erich Stier, Münster
Die klassische Demokratie
1954, 100 Seiten, kartoniert, DM 4,50

HEFT 4
Prof. Dr. Werner Caskel, Köln
Lihyan und Lihyanisch. Sprache und Kultur eines früharabischen Königreiches
1954, 168 Seiten, 6 Abb., kartoniert, DM 8,25

HEFT 5
Prof. Dr. Thomas Ohm, Münster
Stammesreligionen im südlichen Tanganyika-Territorium
1953, 80 Seiten, 25 Abb., kartoniert, DM 8,—

HEFT 6
Prälat Prof. Dr. Dr. h. c. Georg Schreiber, Münster
Deutsche Wissenschaftspolitik von Bismarck bis zum Atomwissenschaftler Otto Hahn
1954, 102 Seiten, 7 Abb., kartoniert, DM 5,—

HEFT 7
Prof. Dr. Walter Holtzmann, Bonn
Das mittelalterliche Imperium und die werdenden Nationen
1953, 28 Seiten, kartoniert, DM 1,30

HEFT 8
Prof. Dr. Werner Caskel, Köln
Die Bedeutung der Beduinen in der Geschichte der Araber
1954, 44 Seiten, kartoniert, DM 2,—

HEFT 9
Prälat Prof. Dr. Dr. h. c. Georg Schreiber, Münster
Irland im deutschen und abendländischen Sakralraum
1956, 128 Seiten, 20 Abb., kartoniert, DM 9,—

HEFT 10
Prof. Dr. Peter Rassow, Köln
Forschungen zur Reichsidee im 16. und 17. Jahrhundert
1955, 32 Seiten, kartoniert, DM 1,50

HEFT 11
Prof. Dr. Hans Erich Stier, Münster
Roms Aufstieg zur Weltherrschaft
in Vorbereitung

HEFT 12
Prof. D. Karl Heinrich Rengstorf, Münster
Mann und Frau im Urchristentum
Prof. Dr. Hermann Conrad, Bonn
Grundprobleme einer Reform des Familienrechts
1954, 106 Seiten, kartoniert, DM 4,50

HEFT 13
Prof. Dr. Max Braubach, Bonn
Der Weg zum 20. Juli 1944
1953, 48 Seiten, kartoniert, DM 2,20

HEFT 14
Prof. Dr. Paul Hübinger, Münster
Das deutsch-französische Verhältnis und seine mittelalterlichen Grundlagen
in Vorbereitung

HEFT 15
Prof. Dr. Franz Steinbach, Bonn
Der geschichtliche Weg des wirtschaftenden Menschen in die soziale Freiheit und politische Verantwortung
1954, 76 Seiten, kartoniert, DM 2,90

HEFT 16
Prof. Dr. Josef Koch, Köln
Die Ars coniecturalis des Nikolaus von Cues
1956, 56 Seiten, 2 Abb., kartoniert, DM 2,90

HEFT 17
Prof. Dr. James Conant,
US-Hochkommissar für Deutschland
Staatsbürger und Wissenschaftler
Prof. D. Karl Heinrich Rengstorf, Münster
Antike und Christentum
1953, 48 Seiten, 2 Abb., kartoniert, DM 2,90

HEFT 18
Prof. Dr. Richard Alewyn, Köln
Klopstocks Publikum
in Vorbereitung

HEFT 19
Prof. Dr. Fritz Schalk, Köln
Das Lächerliche in der französischen Literatur des Ancien Régime
1954, 42 Seiten, kartoniert, DM 2,—

HEFT 20
Prof. Dr. Ludwig Raiser, Bad Godesberg
Rechtsfragen der Mitbestimmung
1954, 48 Seiten, kartoniert, DM 2,—

HEFT 21
Prof. D. Martin Noth, Bonn
Das Geschichtsverständnis der alttestamentlichen Apokalyptik
1953, 36 Seiten, kartoniert, DM 1,60

HEFT 22
Prof. Dr. Walter F. Schirmer, Bonn
Glück und Ende der Könige in Shakespeares Historien
1954, 32 Seiten, kartoniert, DM 1,50

HEFT 23
Prof. Dr. Günther Jachmann, Köln
Der homerische Schiffskatalog und die Ilias
in Vorbereitung

HEFT 24
Prof. Dr. Theodor Klauser, Bonn
Die römische Petrustradition im Lichte der neuen Ausgrabungen unter der Peterskirche
1956, 144 Seiten, 3 Falttafeln, 37 Abb.,
kartoniert, DM 9,30

HEFT 25
Prof. Dr. Hans Peters, Köln
Die Gewaltentrennung in moderner Sicht
1955, 48 Seiten, kartoniert, DM 2,20

HEFT 26
Prof. Dr. Fritz Schalk, Köln
Calderon und die Mythologie
in Vorbereitung

HEFT 27
Prof. Dr. Josef Kroll, Köln
Vom Leben geflügelter Worte
in Vorbereitung

HEFT 28
Prof. Dr. Thomas Ohm, Münster
Die Religionen in Asien
1954, 50 Seiten, 4 Abb., kartoniert, DM 5,-

HEFT 29
Prof. Dr. Johann Leo Weisgerber, Bonn
Die Ordnung der Sprache im persönlichen und öffentlichen Leben
1955, 64 Seiten, kartoniert, DM 2,90

HEFT 30
Prof. Dr. Werner Caskel, Köln
Entdeckungen in Arabien
1954, 44 Seiten, kartoniert, DM 2,—

HEFT 31
Prof. Dr. Max Braubach, Bonn
Entstehung und Entwicklung der landesgeschichtlichen Bestrebungen und historischen Vereine im Rheinland
1955, 32 Seiten, kartoniert, DM 1,60

HEFT 32
Prof. Dr. Fritz Schalk, Köln
Somnium und verwandte Wörter in den romanischen Sprachen
1955, 48 Seiten, 3 Abb., kartoniert, DM 2,50

HEFT 33
Prof. Dr. Friedrich Dessauer, Frankfurt a. M.
Erbe und Zukunft des Abendlandes
1956, 32 Seiten, kartoniert, DM 1,80

HEFT 34
Prof. Dr. Thomas Ohm, Münster
Ruhe und Frömmigkeit
1955, 128 Seiten, 30 Abb., kartoniert, DM 8,—

HEFT 35
Prof. Dr. Hermann Conrad, Bonn
Die mittelalterliche Besiedlung des deutschen Ostens und das Deutsche Recht
1955, 40 Seiten, kartoniert, DM 2,—

HEFT 36
Prof. Dr. Hans Sckommodau, Köln
Die religiösen Dichtungen Margaretes von Navarra
1955, 172 Seiten, kartoniert, DM 7,20

HEFT 37
Prof. Dr. Herbert von Einem, Bonn
Der Mainzer Kopf mit der Binde
1955, 88 Seiten, 40 Abb., kartoniert, DM 6,—

HEFT 38
Prof. Dr. Joseph Höffner, Münster
Statik und Dynamik in der scholastischen Wirtschaftsethik
1955, 48 Seiten, kartoniert, DM 2,20

HEFT 39
Prof. Dr. Fritz Schalk, Köln
Diderots Essai über Claudius und Nero
1956, 40 Seiten, kartoniert, DM 2,25

HEFT 40
Prof. Dr. Gerhard Kegel, Köln
Probleme des internationalen Enteignungs- und Währungsrechts
1956, 62 Seiten, kartoniert, DM 2,85

HEFT 41
Prof. Dr. Johann Leo Weisgerber, Bonn
Die Grenzen der Schrift — Der Kern der Rechtschreibreform
1955, 72 Seiten, kartoniert, DM 3,25

HEFT 42
Prof. Dr. Richard Alewyn, Köln
Von der Empfindsamkeit zur Romantik
in Vorbereitung

HEFT 43
Prof. Dr. Theodor Schieder, Köln
Die Probleme des Rapallo-Vertrages
1956, 108 Seiten, kartoniert, DM 4,80

HEFT 44
Prof. Dr. Andreas Rumpf, Köln
Stilphasen der spätantiken Kunst

HEFT 45
Dr. Ulrich Luck, Münster
Kerygma und Tradition in der Hermeneutik Adolf Schlatters
1955, 136 Seiten, kartoniert, DM 6,15

HEFT 46
Prof. Dr. Walther Holtzmann, Rom
Das Deutsche Historische Institut in Rom
Prof. Dr. Graf Wolff von Metternich, Rom
Die Bibliotheca Hertziana und der Palazzo Zuccari
1955, 68 Seiten, 7 Abb., kartoniert, DM 3,50

JAHRESFEIER 1955
Prof. Dr. Josef Pieper, Münster
Über den Philosophie-Begriff Platons
Prof. Dr. Walter Weizel, Bonn
Die Mathematik und die physikalische Realität
1955, 62 Seiten, kartoniert, DM 2,90

HEFT 47
Prof. Dr. Harry Westermann, Münster
Person und Persönlichkeit im Zivilrecht
in Vorbereitung

HEFT 48
Prof. Dr. Johann Leo Weisgerber, Bonn
Die Namen der Ubier
in Vorbereitung

HEFT 49
Prof. Dr. Friedrich Karl Schumann, Münster
Mythos und Technik
in Vorbereitung

HEFT 50
Prof. D. Karl Heinrich Rengstorf, Münster
Die Anfänge des Diakonats
in Vorbereitung

HEFT 51
Prälat Prof. Dr. Dr. h. c. Georg Schreiber, Münster
Der Bergbau in Geschichte, Ethos und Sakralkultur
in Vorbereitung

HEFT 52
Prof. Dr. Hans J. Wolff, Münster
Die Rechtsgestalt der Universität
1956, 56 Seiten, kartoniert, DM 2,65

HEFT 53
Prof. Dr. Heinrich Vogt, Bonn
Schadenersatzprobleme im Verhältnis von Haftungsgrund und Schaden
in Vorbereitung

HEFT 54
Prof. Dr. Max Braubach, Bonn
Der Einmarsch der deutschen Truppen in die entmilitarisierte Zone am Rhein im März 1936. Ein Beitrag zur Vorgeschichte des zweiten Weltkrieges
1956, 48 Seiten, kartoniert, DM 2,40

HEFT 55
Prof. Dr. Herbert von Einem, Bonn
Die Menschwerdung Christi des Isenheimer Altars
in Vorbereitung

HEFT 56
Prof. Dr. E. J. Cohn, London
Der englische Gerichtstag
1956, 88 Seiten, kartoniert, DM 4,15

HEFT 57
Dr. Albert Woopen, Aachen
Die Zivilehe und der Grundsatz der Unauflöslichkeit der Ehe in der Entwicklung des italienischen Zivilrechts
1956, 88 Seiten, kartoniert, DM 4,—

HEFT 58
Prof. Dr. Karl Kerényi, Ascona
Die Herkunft der Dionysos-Religion nach dem heutigen Stand der Forschung
1956, 32 Seiten, kartoniert, DM 1,75

HEFT 59
Prof. Dr. Herbert Jankuhn, Kiel
Haithabu und der abendländische Handel nach Nordeuropa im frühen Mittelalter
in Vorbereitung

HEFT 60
Dr. Stephan Skalweit, Bonn
Edmund Burke und Frankreich
1956, 84 Seiten, kartoniert, DM 4,15

HEFT 61
Prof. Dr. Ulrich Scheuner, Bonn
Die Neutralität im heutigen Völkerrecht
in Vorbereitung

HEFT 62
Prof. Dr. Anton Moortgat, Berlin
Archäologische Forschungen der Max-Freiherr-von-Oppenheim-Stiftung im nördlichen Mesopotamien
1957, 32 Seiten, 11 Abb., kartoniert, DM 2,10

HEFT 63
Prof. Dr. Joachim Ritter, Münster
Hegel und die französische Revolution
in Vorbereitung

HEFT 64
Prof. Dr. Hermann Conrad und
Prof. Dr. Carl Arnold Willemsen, Bonn
Die Konstitutionen von Melfi Friedrich II. von Hohenstaufen (1231)
in Vorbereitung

HEFT 65
Prälat Prof. Dr. Dr. h. c. Georg Schreiber, Münster
Der Islam und das christliche Abendland
in Vorbereitung

HEFT 66
Prof. Dr. Werner Conze, Münster
Die Strukturgeschichte des technisch-industriellen Zeitalters als Aufgabe für Forschung und Unterricht
1956, 52 Seiten, kartoniert, DM 2,70

HEFT 67
Prof. Dr. Gerhard Hess, Bad Godesberg
Zur Entstehung der „Maximen" La Rochefoucaulds
1957, 44 Seiten, kartoniert, DM 2,30

HEFT 68
Prof. Dr. Fritz Schalk, Köln
Poetica de Aristoteles traducia de latin. Illustrade y commentado por Juan Pablo Martiz Rizo
in Vorbereitung

MIX
Papier aus verantwortungsvollen Quellen
Paper from responsible sources
FSC® C105338

If you have any concerns about our products,
you can contact us on
ProductSafety@springernature.com

In case Publisher is established outside the EU,
the EU authorized representative is:
**Springer Nature Customer Service Center GmbH
Europaplatz 3, 69115 Heidelberg, Germany**

Printed by Libri Plureos GmbH
in Hamburg, Germany